普通高等教育"十四五"规划教材

ANSYS 工程有限元仿真

周喻　邹世卓　王莉　编著

扫码查看数字资源

北　京
冶金工业出版社
2024

内 容 提 要

本书在"采矿工程"课程教学内容的基础上，结合专业核心数值模拟软件 ANSYS，详细介绍了与采矿工程及力学相关的 ANSYS 案例。书中共包含 7 个实例，分别为岩石单轴抗压试验求解实例、应力强度因子求解实例、层状复合体 SHPB 动态冲击实例、简支梁受纯弯曲作用实例、边坡稳定性求解实例、隧道工程实例和岩土体爆破实例。每步操作都有详细的解释和说明，读者能够轻松掌握相关技能，可以为解决不同情况下的 ANSYS 工程有限元仿真实际问题奠定坚实基础。

本书可作为高等院校采矿工程专业的教材，也可供隧道工程、土木工程、水利工程、交通工程等相关专业的科研人员和工程技术人员参考。

图书在版编目(CIP)数据

ANSYS 工程有限元仿真 / 周喻，邹世卓，王莉编著. 北京：冶金工业出版社，2024.12. --（普通高等教育"十四五"规划教材）. -- ISBN 978-7-5240-0031-0

Ⅰ. O241.82-39

中国国家版本馆 CIP 数据核字第 2024ML8824 号

ANSYS 工程有限元仿真

出版发行	冶金工业出版社		电　话	(010)64027926
地　　址	北京市东城区嵩祝院北巷 39 号		邮　编	100009
网　　址	www.mip1953.com		电子信箱	service@ mip1953.com

责任编辑　高　娜　　美术编辑　吕欣童　　版式设计　郑小利
责任校对　李欣雨　　责任印制　禹　蕊

北京建宏印刷有限公司印刷
2024 年 12 月第 1 版，2024 年 12 月第 1 次印刷
787mm×1092mm　1/16；11.5 印张；279 千字；175 页
定价 49.00 元

投稿电话　(010)64027932　投稿信箱　tougao@cnmip.com.cn
营销中心电话　(010)64044283
冶金工业出版社天猫旗舰店　yjgycbs.tmall.com
(本书如有印装质量问题，本社营销中心负责退换)

前　　言

本书是针对采矿工程专业必修课程"弹性力学基础与数值模拟"编写的配套教材，旨在帮助学生将课堂上学到的理论知识正确运用于实践中，提供系统化、实践性的学习资料。本书充分考虑了采矿工程专业的特点，通过理论与实践相结合，力求在基于课程教学内容的基础上，结合采矿工程专业核心数值模拟软件 ANSYS，进一步完善学生的知识体系。本书详细讲解了与采矿工程及力学相关的 ANSYS 案例，帮助学生熟练应用数值模拟软件，并扩展教学内容，助力学生深入理解和掌握课程所学内容。

本书分为 8 章，分别为绪论、岩石单轴抗压试验求解实例、应力强度因子求解实例、层状复合体 SHPB 动态冲击实例、简支梁受纯弯曲作用实例、边坡稳定性求解实例、隧道工程实例、岩土体爆破实例。本书首先明确了每个实例的工程背景、基本参数和研究目的，使学生能够理解实例的实际应用场景；然后从模型建立、网格划分、边界条件设置等方面详细分解了 ANSYS 操作流程，并配以大量图片和注释，确保学生在学习过程中能够循序渐进地掌握每个步骤；最后查看模型的计算结果并进行深度分析，与问题描述相对应，帮助学生加深理解。本书内容简洁明了、自成体系，着重向学生介绍 ANSYS 在工程有限元仿真实例及分析方法中的应用。为了帮助学生迅速掌握 ANSYS 数值分析，书中对每一步操作都有详细的解释和说明，使学生能够轻松掌握相关技能。当学生掌握了以上知识之后，即可为解决不同情况下的 ANSYS 工程有限元仿真实际问题打下坚实的基础。

本书除可为高等院校采矿工程专业的师生和科研人员提供有益参考之外，还可供土木工程、水利工程、交通工程等相关专业的科技工作者参考使用。

感谢硕士研究生王硕、周豪、杨志冉、杨超等在本书编写过程中提供的帮助。

鉴于编者水平所限，书中难免存在疏漏和不足之处，敬请读者批评指正。

编　者

2024 年 6 月 27 日

目 录

1 绪论 ·· 1
   1.1 有限元法简介 ··· 2
   1.2 有限元法的发展过程 ··· 3
   1.3 有限元法的基本原理 ··· 5
      1.3.1 有限元法的基本思想 ··· 5
      1.3.2 弹性力学方程组 ·· 6
      1.3.3 有限元法的常用术语 ··· 9
      1.3.4 有限元法的实现过程 ·· 10
      1.3.5 有限元法的特点 ·· 11
   1.4 有限元软件简介 ·· 12
      1.4.1 ANSYS ··· 12
      1.4.2 ABAQUS ·· 13
   1.5 ANSYS 的发展过程 ·· 14

2 岩石单轴抗压试验求解实例 ·· 17
   2.1 问题描述 ·· 17
   2.2 数值模拟操作详解 ·· 17
      2.2.1 创建 Rhino 模型 ··· 17
      2.2.2 创建物理环境 ··· 18
      2.2.3 定义接触与约束 ·· 21
      2.2.4 网格划分 ·· 21
      2.2.5 设置加载条件 ··· 21
      2.2.6 求解 ··· 24
   2.3 结果查看 ·· 24

3 应力强度因子求解实例 ··· 29
   3.1 问题描述 ·· 29
   3.2 静态数值模拟操作详解 ··· 30
      3.2.1 创建 Rhino 模型 ··· 30
      3.2.2 创建物理环境 ··· 32
      3.2.3 定义接触与约束 ·· 34
      3.2.4 定义断裂参数 ··· 36

3.2.5　网格划分 ··· 36
　　3.2.6　设置加载条件 ··· 38
　　3.2.7　求解 ·· 38
　　3.2.8　结果查看 ··· 38
3.3　动态数值模拟操作详解 ··· 40
　　3.3.1　创建 Rhino 模型 ··· 40
　　3.3.2　创建物理环境 ··· 40
　　3.3.3　定义接触与约束 ·· 42
　　3.3.4　定义断裂参数 ··· 43
　　3.3.5　网格划分 ··· 44
　　3.3.6　设置加载条件 ··· 46
　　3.3.7　求解 ·· 46
　　3.3.8　结果查看 ··· 47

4　层状复合体 SHPB 动态冲击实例··· 48

4.1　问题描述 ·· 48
4.2　ANSYS 操作详解 ·· 50
　　4.2.1　创建物理环境 ··· 50
　　4.2.2　建立模型 ··· 55
　　4.2.3　划分网格 ··· 56
　　4.2.4　创建 Part ··· 63
　　4.2.5　定义接触与约束 ·· 64
　　4.2.6　设定加载参数 ··· 68
4.3　LS-DYNA 参数设置 ·· 72
　　4.3.1　软件初步介绍 ··· 72
　　4.3.2　模型的物理参数设定 ··· 74
　　4.3.3　设定无反射边界 ·· 76
　　4.3.4　设定模型接触 ··· 79
　　4.3.5　设定其他参数 ··· 81
4.4　LS-DYNA 运行 ··· 82
4.5　LS-PREPOST 后处理 ··· 83
　　4.5.1　动态演变过程观察 ·· 83
　　4.5.2　破坏数据提取 ··· 85

5　简支梁受纯弯曲作用实例··· 87

5.1　问题描述 ·· 87
5.2　ANSYS 操作详解 ·· 87
　　5.2.1　创建物理环境 ··· 87
　　5.2.2　建立模型 ··· 90

    5.2.3 划分网格 ··· 94
    5.2.4 定义约束与接触 ·· 95
    5.2.5 设置分析类型 ·· 97
    5.2.6 求解 ··· 97
  5.3 结果查看 ·· 98
    5.3.1 变形 ··· 98
    5.3.2 应力和应变 ··· 99
    5.3.3 增强图形 ·· 102
    5.3.4 反作用力 ·· 102
    5.3.5 结果数据查询 ·· 103
    5.3.6 检查分析正确性 ·· 104

6 边坡稳定性求解实例 ··· 113
  6.1 问题描述 ·· 113
  6.2 ANSYS 操作详解 ·· 114
    6.2.1 创建物理环境 ·· 114
    6.2.2 建立模型 ·· 120
    6.2.3 划分网格 ·· 124
    6.2.4 定义约束与接触 ·· 129
    6.2.5 设置分析类型 ·· 130
    6.2.6 求解 ··· 134
  6.3 结果查看 ·· 136

7 隧道工程实例 ·· 138
  7.1 问题描述 ·· 138
  7.2 ANSYS 操作详解 ·· 139
    7.2.1 创建物理环境 ·· 139
    7.2.2 建立模型 ·· 142
    7.2.3 划分网格 ·· 144
    7.2.4 定义约束与接触 ·· 147
    7.2.5 设置分析类型 ·· 147
    7.2.6 求解 ··· 148
  7.3 结果查看 ·· 149

8 岩土体爆破实例 ··· 154
  8.1 问题描述 ·· 154
  8.2 ANSYS 操作详解 ·· 154
    8.2.1 创建物理环境 ·· 154
    8.2.2 建立模型 ·· 158

8.2.3 划分网格 ……………………………………………………………… 159
8.2.4 定义接触与约束 ………………………………………………………… 163
8.2.5 设置分析类型 …………………………………………………………… 164
8.2.6 求解 ……………………………………………………………………… 167
8.3 结果查看 ……………………………………………………………………… 168
8.4 k 文件 ………………………………………………………………………… 169
参考文献 ……………………………………………………………………………… 175

1 绪 论

改革开放以来,我国经济高速发展,在过去数十年间创造了令世界瞩目的经济奇迹。当前,我国正加速进行产业转型升级,不断培育与发展新质生产力,持续推进我国从"制造大国"向"制造强国"的转变。在这样的背景下,矿业工程、土木工程、航空航天、机械制造、军事国防、能源动力等众多工业领域中广泛分布着有限元法的应用场景,因此学习掌握有限元法与有限元软件的重要性不言而喻。

例如,港珠澳大桥是一条连接粤港澳大湾区主要城市的重要枢纽,其主体工程创下多项世界之最,其建设难度与通车意义都非同凡响。在港珠澳大桥建设过程中,有限元分析方法就发挥了重要作用,如图1.1所示。

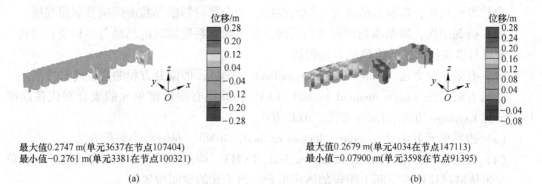

最大值0.2747 m(单元3637在节点107404)　　　　最大值0.2679 m(单元4034在节点147113)
最小值-0.2761 m(单元3381在节点100321)　　　最小值-0.07900 m(单元3598在节点91395)
　　　　　(a)　　　　　　　　　　　　　　　　　　(b)

图 1.1　港珠澳大桥西人工岛钢圆筒结构位移云图
(a) x 向水平位移 u_x; (b) y 向水平位移 u_y

此外,C919是我国首型自主设计研发、具有自主知识产权的大型客机,对于打破国际巨头垄断、促进国内相关产业发展具有重要意义,在其设计开发过程中也使用了有限元分析技术,如图1.2所示。

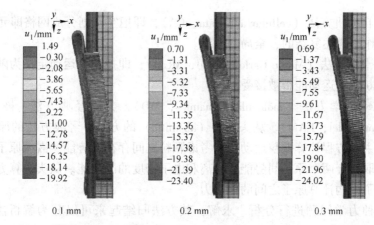

图 1.2　C919蒙皮骨架钢材成型位移云图

1.1 有限元法简介

有限元法是分析连续体的一种近似计算方法，简言之就是将连续体分割为有限个单元的离散体的数值方法。

科学研究与解决工程问题的基础在于物理实验与实物观测，例如对金属材料的凝固过程进行物理实验，对天体运行进行观测。现代科学研究方法的核心是通过实验或观测建立研究对象的数学模型，基于数学模型进行研究与分析。这种研究方法可以追溯到伽利略对于自由落体定律的验证，成熟于牛顿的三大定律与微积分。采用实物模型进行物理实验的研究周期长、投入大，有时甚至无法在实物上进行，如天体物理的研究。在数学模型上进行的数值模拟研究具有周期短、安全、投入少等优点，已经成为科学研究、解决工程问题不可或缺的工具。

数值模拟方法的应用对象分为以下三个层次：

（1）宏观层次，如常见的工程建筑、机械设备、零件等。

（2）界观层次，即材料的微观组织与性能，如金属材料的晶粒度影响其屈服强度。

（3）微观层次，即基本物理现象与机理，如金属材料凝固时的结晶与晶粒生长过程。

宏观与界观层次的数值模拟方法包括：

（1）有限差分方法（finite difference method，FDM），即微分方程的直接离散方法。

（2）有限元法（finite element method，FEM），即用有限尺度单元的集合来代替连续体，分为 Lagrange 方法、Euler 方法、ALE 方法。

（3）边界单元方法（boundary element method，BEM），是一种半解析方法。

（4）有限体积方法（finite volume method，FVM），即把空间划分成有限尺度的体积单元，变形体流过这些在空间上固定的体积单元，但单元的空间位置不变。

（5）无网格方法（meshless method，MM），即只布置节点，不需要划分单元网格，是有权函数。

微观层次的数值模拟方法包括：

（1）第一原理法（first principle simulation，FPS），即量子力学方法，直接计算原子的电子结构。

（2）元胞自动机方法（cellular automata，CA），即把空间划分成网格即元胞，通过元胞的局部相互作用描述复杂的、全局的系统。

（3）蒙特卡罗方法（Monte Carlo method，MCM），即把颗粒运动定义为随机过程，用势能的变化判断颗粒运动能否被接受。

（4）分子动力学方法（molecular dynamics，MD），分为经典方法、嵌入原子模型（embedded atom model，EAM）、从头计算（ab initio）的方法。经典方法的原理是把分子作为颗粒，用牛顿方程计算颗粒运动，只考虑颗粒之间存在的势能。嵌入原子模型的原理是原子的势能取决于两个原子间势能的距离和电子密度的嵌入能。从头计算方法的原理是根据原子的电子结构计算原子之间的作用力。

人们对各种力学问题进行分析、求解，其方法归结起来可以分为解析法（analytical method，AM）和数值法（numeric method，NM）。如果给定一个问题，通过一定的推导可以用具体的表达式获得问题的解答，这样的求解方法就称为解析法。由于实际结构物的复杂性，除了少数非常简单的问题外，绝大多数科学研究和工程计算问题用解析法求解是非常困难的，因此数值法求解已成为一种不可替代的广泛应用方法，并得到了不断发展。

目前，有限元法应用最为广泛，在工程计算领域得到了广泛的应用。有限元法是20世纪中期伴随着计算机技术的发展而迅速发展起来的一种数值分析方法，它数学逻辑严谨，物理概念清晰，应用非常广泛，能灵活处理和求解各种复杂问题，它采用矩阵形式表达基本公式，便于计算机编程，这些优点赋予了它强大的生命力。在大多数工程研究领域，有限元法是进行科学计算的极为重要的方法之一。利用有限元法几乎可以对任意复杂的工程结构进行分析，获取结构的各种机械性能信息，对工程结构进行评判，对工程事故进行分析等。

有限元法的实质是将复杂的连续体划分为有限多个简单的单元体，化无限自由度问题为有限自由度问题，将连续场函数的（偏）微分方程的求解问题转化成有限个参数的代数方程组的求解问题。用有限元法分析工程结构问题时，将一个理想体离散化后，如何保证其数值解的收敛性和稳定性是有限元理论讨论的主要内容之一，而数值解的收敛性与单元的划分及单元形状有关。在求解过程中，通常以位移为基本变量，使用虚位移原理或最小势能原理来求解。

有限元法的基本思想是先化整为零，再集零为整，也就是把一个连续体人为地分割成有限个单元，把一个结构看成由若干通过节点相连的单元组成的整体，先进行单元分析，然后再把这些单元组合起来代表原来的结构进行整体分析。从数学角度来看，有限元法是将一个偏微分方程化成一个代数方程组，利用计算机求解。由于有限元法是采用矩阵算法，故借助计算机这个工具可以快速地算出结果。

1.2 有限元法的发展过程

早在公元3世纪的时候，我国数学家刘徽提出的用"割圆术"求圆周长的方法即是有限元基本思想的体现，而古人的"化整为零""化圆为直"等思想也体现了离散逼近的思路。现代有限元法的萌芽可追溯至18世纪末，欧拉（Euler）在研究轴力杆平衡问题时提出了与现代有限元法相近的方法，但受限于技术水平，这种需要庞大计算量的方法并无优势。

现代有限元法基本思想的提出，通常认为起源于20世纪40年代，其基本思路来自固体力学中矩阵位移法的发展和工程师对结构相似性的直觉判断。经典结构力学求解刚架内力的位移法，将刚架看成是由有限个在节点处连接的杆件单元组成，先研究每个杆件单元，最后将其组合进行综合分析，这种先离散、后整合的方法便是有限元法的基本思想。

1941年，雷尼柯夫（Hrenikoff）首次提出用框架方法（framework method，FM）求解力学问题，实际上是采用结构力学的离散分析方法解决连续体问题，但该方法仅限于用杆系结构构造离散模型。1943年，柯兰特（Courant）发表了一篇使用三角形区域的多项式函数求解扭转问题的论文，假设挠曲函数在一个划分的三角形单元集合体的每个单元上为简单的线性函数。这是有限元法第一次被用来处理连续体问题，因此柯兰特被公认是有限元法的奠基人。与此同时，个别工程师和应用数学领域研究者也从不同角度提出有限元的概念，但受计算机性能限制，这些研究工作并未引起足够的重视。1946年，人类历史上第一台电子计算机诞生，为数值计算带来了福音。

20世纪50年代，航空事业的飞速发展对飞机结构提出了越来越高的要求，研究者对精确设计和计算的需求越来越迫切。1955年，德国斯图加特大学的 J. H. Argyris 教授发表了一系列关于能量原理与结构分析的论文，证明所有结构分析方法均可归为位移法（以节点位移为基本未知量）或力法（以节点力为基本未知量），奠定了有限元法的理论基础。1956年，美国波音公司（Boeing）的特纳（Turner）、克拉夫（Clough）、马丁（Martin）和托普（Top）等将刚架分析中的矩阵位移法推广到解决弹性力学平面问题中，并用于飞机的结构分析和设计，系统地研究了离散杆、梁、三角形的单元刚度表达式，并求得了平面应力问题的正确解答，当时被称为直接刚度法。此时，他们的研究工作开启了利用电子计算机求解复杂弹性力学问题的新阶段。

1960年，克拉夫（Clough）在处理剖面弹性问题时，第一次提出并使用有限元法的名称，使人们进一步认识到这一方法的特性和功效，他也被称为"有限元之父"。此后，大量学者、专家开始使用这一离散方法处理结构分析、流体分析、热传导、电磁学等复杂问题。1963~1964年，贝塞林（Besseling）、卞学璜（T. H. Pian）等人的研究工作表明，有限元法实际上是弹性力学变分原理中瑞雷-里兹法的一种形式，他们推导出了由各种不同变分原理导出的有限元计算公式，在理论上为有限元法奠定了数学基础，确认了有限元法是处理连续介质问题的一种普遍方法，扩大了有限元法的应用范围。由于有限元法更为灵活，适应性更强，计算精度更高，这一成果也大大刺激了变分原理的研究和发展，先后出现了一系列基于变分原理的新型有限元模型，如混合元、非协调元、广义协调元等。1965年英国斯旺西大学土木系教授辛科维奇（Zienkiewicz）和张佑启（Cheung）发现能写成变分形式的所有场问题，都可以用与固体力学有限元法的相同步骤求解；1967年，他们出版了第一本关于有限元分析的专著《连续体和结构的有限元法》，后更名为《有限元法》。1969年，萨博（Szabo）和李（Lee）指出可以用加权余量法特别是 Galerkin 法，导出标准的有限元方程式求解非结构分析问题。

20世纪70年代后，随着计算机技术和软件技术的发展，有限元法进入了发展的高速期。这一时期，人们对有限元法进行了深入研究，涉及内容包括数学和力学领域所依据的理论，单元划分的原则，形函数的选取，数值计算方法及误差分析、收敛性和稳定性研究，计算机软件开发，非线性问题，大变形问题等。1972年，欧登（Oden）出版了第一本关于处理非线性连续体的专著《非线性连续体的有限元法》。1977年，辛科维奇（Zienkiewicz）的专著《有限元法》第3版发行，成为有限元法学习研究者的重要参考资料。

我国著名力学家、教育家徐芝纶教授首次将有限元法引入中国。他于1974年编写了我国第一部关于有限元法的专著《弹性力学问题的有限元法》，该书也成为我国高校教材，从此开创了我国有限元应用及发展的历史。其他的一些科技工作者也相继在有限元研究领域作出贡献，如胡海昌提出了广义变分原理，钱伟长最先研究了拉格朗日乘子法与广义变分原理之间的关系，冯康研究了有限元法的精度和收敛性问题，钱令希研究了余能原理等。其中，冯康的工作更接近克拉夫的工作。"20世纪60年代初期，冯康等人在大型水坝应力计算的基础上，独立于西方创造了有限元方法并最早奠定其理论基础"（《数学辞海》第四卷）。1979年，朱伯芳主编了《有限元法原理及应用》，详细阐述了有限元法的基本原理及其应用情况。

近年来，有限元法的发展主要表现在两方面：一方面，新的单元类型不断出现，如等参元、高次元、不协调元、拟协调元、杂交元、样条元、边界元、罚单元等，此外还有半解析的有限条等不同单元；另一方面，求解方法不断改进，如半带宽与变带宽消去法、超矩阵法、波前法、子结构法、子空间迭代法等。同时，能解决各种复杂耦合问题的软件和软件系统不断涌现，对网格自动划分和网格自适应过程的研究，也大大加强了有限元法的解题能力，使有限元法逐渐趋于成熟。

时至今日，有限元理论方法的研究和应用已经极其广泛，从线性弹性问题扩展到了材料非线性问题、几何非线性问题、接触非线性问题，从静态和稳态问题扩展到了动态和瞬态问题，从固体力学问题扩展到了流体力学、热传导和电磁场等问题，从非耦合物理问题扩展到了各种耦合问题，从串行计算扩展到了大规模并行计算等。21世纪后，随着计算机技术及计算机辅助设计软件的不断发展，有限元法的工程应用越来越广泛，如汽车的车架车身结构与零件强度设计、碰撞安全性分析，复合材料的力学分析，载荷物体的静力学与动力学分析，载荷材料的变形分析与受力计算，部件接触时的力学分析，电力场、热力场等流体力学分析，建筑结构的力学分析，高层剪力墙的塑性动力分析，道路桥梁的裂纹分析，手术计算机辅助模拟与应用，武器结构受力与精确打击的动态研究等。由此可见，有限元理论借助于计算机技术的发展，将在从微观的材料和医学技术到大型的车船建筑等各个领域发挥越来越重要的作用。

尽管有限元的基本理论和方法已发展到相当高的水平，随着对特殊和极端条件下各种物理力学问题的关注，未来还有很多问题有待进一步研究完善。具体问题包括：发展新的材料本构模型和单元形式，复杂工况和极端条件下结构全寿命过程的响应分析方法，发展材料、几何、边界等多重非线性耦合分析方法，发展结构、流体、热、电、化学等多场耦合分析方法，发展跨时间和跨空间的多尺度分析方法，发展随机和模糊的非确定分析方法以及分析结果的评估和自适应分析方法等。

1.3　有限元法的基本原理

1.3.1　有限元法的基本思想

有限元法是一种基于变分法而发展起来的求解微分方程的数值计算方法，该方法采用分片近似，进而逼近整体的研究思想求解物理问题。

有限元法的基本思想为"化整为零、集零为整"，要求得出描述问题的场方程在给定边界条件下的解，通常需要假设一个具有待定参数近似解的形式。然而，对于绝大多数的实际问题，要在问题的全域上假设一个合理的近似解形式非常困难，甚至是不可能的。因此，可以将求解的全域离散成一些小区域的集合，在这些小区域中容易假设近似函数的形式，并可以在这些小区域中建立近似方程，通过组集所有小区域的方程得到全域的近似方程组，或基于小区域的近似函数直接建立全域的近似方程，最后求解方程即可获得全域的近似解，这种思想又称为分片近似，是有限元法中结构离散化的核心。

以弹性力学为例，有限元法将具有无穷自由度的弹性固体，用简单几何形状小区域的集合体近似替代，即对弹性体进行离散化，这些小区域称为单元；每一个单元的边和连接这些边的点描述了该单元的几何特征，这些点称为节点；可在单元基础上建立位移的近似函数，以单元节点的位移作为基本变量，通过插值函数将单元内任意一点的位移用节点的位移表达，利用几何关系和本构关系将单元中任意点的应变和应力都用节点位移表达，节点的位移即是近似函数中的待定参数。这样，原来的连续体结构可以用有限个单元的集合近似代替，将原结构的无穷多个自由度（物理量）用有限个节点的基本物理量（位移）表达。进一步采用数值近似方法，如加权残值法和变分原理等，建立起以有限个节点位移为基本变量的代数方程组。之后，采用数值方法求解该微分方程组，即可得到每一个节点的位移。在得到这些节点位移后，即可在单元内计算任意点的位移，再根据需要可以利用几何方程和本构方程计算得到任意点的应变和应力。

归纳起来，有限元法的最基本思路是：首先，将具有无穷自由度的连续体用有限个具有简单几何形状的单元集合体近似，即对结构进行离散；其次，在单元基础上建立解的近似函数，即利用插值函数建立单元内任意一点的物理量与节点物理量之间的关系，采用加权残值法或变分原理建立以节点变量为基本变量的代数方程组；再次，利用数值方法求解代数方程组，获得所有节点的基本物理量；最后，根据需要利用单元插值函数计算其他任意点的基本物理量以及其他相关物理量。

在整个有限元分析过程中，离散化是分析的基础。有限元法的离散对单元形状和大小没有规则划分的限制，单元可以为不同形状，且不同单元可以相互连接组合。所以，有限元法可以模型化任何复杂几何形状的物体或求解区域，离散精度高。

分片近似是有限元法的核心。有限元法是应用局部的近似解来建立整个求解域的解的一种方法。针对一个单元选择近似函数，积分计算也是在单元内完成的，由于单元形状简单，一般采用低阶多项式函数就能较好地逼近真实函数在该单元上的解，此过程可认为是里兹法的一种局部化应用。整个求解域内的解可以看作是所有单元近似解的组合。对于整个求解域，只要单元上的近似函数满足收敛性要求，随着单元尺寸的不断缩小，有限元法提供的近似解将收敛于问题的精确解。

矩阵表示和计算机求解是有限元法的关键。因为有限元方程是以节点值和其导数值为未知变量的，节点数目多，形成的线性方程组维数很高，一般工程问题都有成千上万，复杂问题可达百万或更多，所以有限元方程必须借助矩阵进行表示，只有利用计算机才能求解。

1.3.2 弹性力学方程组

对于空间弹性体力学问题，以 (x, y, z) 表示某确定直角坐标系下一点的位置坐标，以 $u(x, y, z)$、$v(x, y, z)$、$w(x, y, z)$ 分别表示弹性体内任一点处沿 x、y、z 轴的位移，简记为 u、v、w；类似地，以 ε_x、ε_y、ε_z 分别表示任一点处沿 x、y、z 方向的线应变，以 γ_{xy}、γ_{yz}、γ_{zx} 分别表示任一点处在 xOy 平面内、yOz 平面内、zOx 平面内的剪应变；以 σ_x、σ_y、σ_z 分别表示任一点处沿 x、y、z 方向的正应力，以 τ_{xy}、τ_{yz}、τ_{zx} 分别表示任一点处在 xOy 平面内、yOz 平面内、zOx 平面内的剪应力。

弹性体的力学问题可归结为关于位移、应变和应力共 15 个变量的 15 个控制方程在特定位移边界和力边界条件下的求解问题。15 个控制方程可分为几何方程（6 个）、物理方程（6 个）和平衡方程（3 个）。

1.3.2.1　几何方程

基于小变形假设，域内每一点的 6 个应变分量（ε_x、ε_y、ε_z、γ_{xy}、γ_{yz}、γ_{zx}）与 3 个位移分量（u、v、w）之间满足下面几何关系：

$$\begin{cases} \varepsilon_x = \dfrac{\partial u}{\partial x} \\[4pt] \varepsilon_y = \dfrac{\partial v}{\partial y} \\[4pt] \varepsilon_z = \dfrac{\partial w}{\partial z} \\[4pt] \gamma_{xy} = \dfrac{\partial u}{\partial y} + \dfrac{\partial v}{\partial x} \\[4pt] \gamma_{yz} = \dfrac{\partial v}{\partial z} + \dfrac{\partial w}{\partial y} \\[4pt] \gamma_{zx} = \dfrac{\partial w}{\partial x} + \dfrac{\partial u}{\partial z} \end{cases} \quad (1.1)$$

1.3.2.2　物理方程

对于各向同性的弹性材料，弹性体内每一点的 6 个应力分量（σ_x、σ_y、σ_z、τ_{xy}、τ_{yz}、τ_{zx}）和 6 个应变分量（ε_x、ε_y、ε_z、γ_{xy}、γ_{yz}、γ_{zx}）之间满足 Hooke 定律：

$$\begin{Bmatrix} \varepsilon_x \\ \varepsilon_y \\ \varepsilon_z \\ \gamma_{yz} \\ \gamma_{zx} \\ \gamma_{xy} \end{Bmatrix} = \frac{1}{E} \begin{bmatrix} 1 & -\mu & -\mu & 0 & 0 & 0 \\ -\mu & 1 & -\mu & 0 & 0 & 0 \\ -\mu & -\mu & 1 & 0 & 0 & 0 \\ 0 & 0 & 0 & 2(1+\mu) & 0 & 0 \\ 0 & 0 & 0 & 0 & 2(1+\mu) & 0 \\ 0 & 0 & 0 & 0 & 0 & 2(1+\mu) \end{bmatrix} \begin{Bmatrix} \sigma_x \\ \sigma_y \\ \sigma_z \\ \tau_{yz} \\ \tau_{zx} \\ \tau_{xy} \end{Bmatrix} \quad (1.2)$$

或

$$\begin{Bmatrix} \sigma_x \\ \sigma_y \\ \sigma_z \\ \tau_{yz} \\ \tau_{zx} \\ \tau_{xy} \end{Bmatrix} = \frac{E}{(1+\mu)(1-2\mu)} \begin{bmatrix} 1-\mu & \mu & \mu & 0 & 0 & 0 \\ \mu & 1-\mu & \mu & 0 & 0 & 0 \\ \mu & \mu & 1-\mu & 0 & 0 & 0 \\ 0 & 0 & 0 & \dfrac{1-2\mu}{2} & 0 & 0 \\ 0 & 0 & 0 & 0 & \dfrac{1-2\mu}{2} & 0 \\ 0 & 0 & 0 & 0 & 0 & \dfrac{1-2\mu}{2} \end{bmatrix} \begin{Bmatrix} \varepsilon_x \\ \varepsilon_y \\ \varepsilon_z \\ \gamma_{yz} \\ \gamma_{zx} \\ \gamma_{xy} \end{Bmatrix}$$

$$(1.3)$$

引入 Lame 常数：

$$\lambda = \frac{E\mu}{(1+\mu)(1-2\mu)}, \quad G = \frac{E}{2(1+\mu)} \tag{1.4}$$

上述公式也可表示为:

$$\begin{Bmatrix} \sigma_x \\ \sigma_y \\ \sigma_z \\ \tau_{xy} \\ \tau_{yz} \\ \tau_{zx} \end{Bmatrix} = \begin{bmatrix} \lambda+2G & \lambda & \lambda & 0 & 0 & 0 \\ \lambda & \lambda+2G & \lambda & 0 & 0 & 0 \\ \lambda & \lambda & \lambda+2G & 0 & 0 & 0 \\ 0 & 0 & 0 & G & 0 & 0 \\ 0 & 0 & 0 & 0 & G & 0 \\ 0 & 0 & 0 & 0 & 0 & G \end{bmatrix} \begin{Bmatrix} \varepsilon_x \\ \varepsilon_y \\ \varepsilon_z \\ \gamma_{xy} \\ \gamma_{yz} \\ \gamma_{zx} \end{Bmatrix} \tag{1.5}$$

1.3.2.3 平衡方程

对于任意弹性体，设单位体积的体力为 f_x、f_y、f_z，则在弹性体内每一点，应力满足下面方程组：

$$\begin{cases} \dfrac{\partial \sigma_x}{\partial x} + \dfrac{\partial \tau_{xy}}{\partial y} + \dfrac{\partial \tau_{xz}}{\partial z} + f_x = 0 \\ \dfrac{\partial \tau_{xy}}{\partial x} + \dfrac{\partial \sigma_y}{\partial y} + \dfrac{\partial \tau_{yz}}{\partial z} + f_y = 0 \\ \dfrac{\partial \tau_{xz}}{\partial x} + \dfrac{\partial \tau_{yz}}{\partial y} + \dfrac{\partial \sigma_z}{\partial z} + f_z = 0 \end{cases} \tag{1.6}$$

1.3.2.4 边界条件

弹性体的力学边界条件可分为两种：位移边界条件和应力边界条件。位移边界条件是指在该边界上位移必须满足指定的条件，应力边界条件是指在该边界上应力与外力之间应满足指定的条件。

边界条件根据物体的几何形状和问题的特殊性而定，正是边界条件的不同使得问题产生差别。

A 位移边界条件

在位移边界 S_u 上，以 $\bar{u}$、$\bar{v}$、$\bar{w}$ 分别表示已知的各位移分量，有：

$$\begin{cases} u = \bar{u} \\ v = \bar{v} \\ w = \bar{w} \end{cases} \tag{1.7}$$

B 应力边界条件

在应力边界 S_σ 上，以 n_x、n_y、n_z 表示边界表面的外法线方向单位矢量的各方向余弦，以 q_x、q_y、q_z 表示表面的单位面积上作用力的各分量，有：

$$\begin{cases} \sigma_x n_x + \tau_{yx} n_y + \tau_{zx} n_z = q_x \\ \tau_{xy} n_x + \sigma_y n_y + \tau_{zy} n_z = q_y \\ \tau_{xz} n_x + \tau_{yz} n_y + \sigma_z n_z = q_z \end{cases} \tag{1.8}$$

或表示为矩阵向量形式[10]：

$$\begin{bmatrix} \sigma_x & \tau_{yx} & \tau_{zx} \\ \tau_{xy} & \sigma_y & \tau_{zy} \\ \tau_{xz} & \tau_{yz} & \sigma_z \end{bmatrix} \begin{Bmatrix} n_x \\ n_y \\ n_z \end{Bmatrix} = \begin{Bmatrix} q_x \\ q_y \\ q_z \end{Bmatrix} \qquad (1.9)$$

1.3.3 有限元法的常用术语

1.3.3.1 节点

节点就是用以确定单元形状、表述单元特征及连接相邻单元的点。它是有限元模型中的最小构成元素，在将实际连续体离散成单元群的过程中起到连接单元和实现数据传递的桥梁作用，而 ANSYS 程序正是通过节点信息组成刚度矩阵进行计算的。节点可分为铰接、固接或其他形式的连接。节点一般分为主外节点、副主外节点和内节点 3 类。有了节点才可以将实际连续体看成仅在节点处互相连接的有限元群组成的离散型结构，从而使研究对象转化成可以使用计算机进行数值分析的数学模型。

1.3.3.2 单元

对于任何连续体，都可以将其想象成由有限个简单形状的单元体组成，并可利用网格生成技术将其离散成若干个小区域，这种在结构的网格划分中每一个小的块体区域称为一个单元。任意相邻单元之间通过一定数目的节点连接而成，多个单元可以共用 1 个节点。常见的单元类型有线段单元、三角形单元、四边形单元、四面体单元和六面体单元几种。由于单元是组成有限元模型的基础，因此单元类型的选取对于有限元分析结果的精确度是至关重要的。

常用单元可分为自然单元和分割单元。一些工程构件（如桁架结构）的连杆在分析时无须再分割，称为自然单元，自然构件能否被视为自然单元取决于所研究的范围和构件本身的力学性质。工程上常用的是分割单元，即在实际计算过程中根据研究对象的特点，对整体结构或连续体进行分割得到许多小单元的组合，如杆（link）单元、梁（beam）单元、块（block）单元、平面（plane）单元、集中质量（mass）单元、管（pipe）单元、壳（shell）单元和流体（fluid）单元等。理论上，单元的分割是任意的，不过在实际计算中必须根据研究对象的特点，使单元分割既能满足力学分析要求，又能使计算简化。

不同单元类型有不同的节点数目。例如，线段单元只有 2 个节点，三角形单元有 3 个或 6 个节点，四边形单元至少有 4 个节点。同一种单元类型根据节点个数的不同又分成不同的种类。例如，壳单元包括 shell 63 和 shell 93 在内许多不同的种类，前者一个单元有 4 个节点，后者一个单元有 8 个节点。

1.3.3.3 节点力和节点载荷

相邻单元之间的相互作用是通过节点来实现的，这种通过节点的相互作用力就是节点力，也称为节点内力。工程结构所受的外在施加的力或力矩称为载荷，包括集中载荷和分布载荷、力矩等。作用在节点上的外载荷称为节点载荷。节点载荷分两部分：一是原来作用在节点上的外力；二是按静力等效原则将作用在单元上的分布力移置到节点上的节点载荷。将单元上的实际载荷向节点移置的目的就是简化各单元上的受力情况，以便建立单元和系统的平衡方程，也就是建立节点位移和节点载荷之间的关系式。在不同的科学领域中，载荷的含义也不尽相同。在通常的结构分析过程中，载荷为力、位移等；在电磁场分析中，载荷是指结构所受的电场和磁场作用；在温度场分析中，所受的载荷则是指温度本身。

1.3.3.4 边界条件和初始条件

边界条件是指结构边界上所受到的外加约束。在有限元分析中，能够确定反映结构在真实应力状态的边界条件是至关重要的。错误的边界条件常使有限元中的刚度矩阵发生奇异，程序无法正常运行，施加正确的边界条件是获得正确的分析结果和较高的分析精度的关键。

初始条件就是结构响应前所施加的初始速度、初始温度及预应力等。

1.3.3.5 位移函数

连续体被离散后，需要用一些近似函数描述单元物理量，如位移、应变的变化情况等。用以表征单元内位移或位移场的近似函数称为位移函数。如何选取位移函数直接关系到其对应单元的计算精度和能力。一般来说都是选取多项式作为位移函数，原因是多项式的数学运算（微分、积分等）比较容易，而且在一个单元内适当选取多项式可以得到与真实解较为接近的近似解。选取位移函数有广义坐标法和插值函数法两种。对于位移函数要满足如下要求：

（1）位移函数在单元内部必须是连续的；
（2）两相邻单元在交界处的位移是连续的。

1.3.3.6 收敛准则

对于一种数值方法，总是希望随着网格的逐步细分，得到的解收敛于问题的精确解。为了保证解的收敛性，要求位移函数必须满足以下三个条件：

（1）位移函数必须包含单元的刚体位移。当节点位移由某个刚体位移引起时，弹性体内必须无应变，因而节点力为零。
（2）位移函数必须能包含单元的常应变。
（3）位移函数在单元内要连续，在相邻单元间的公共边界上能协调。其中，后者是指两相邻单元在变形时既不重叠也不分离。

在有限元法中，满足前面两个条件的单元称为完备条件，满足最后一个条件的单元称为协调条件。

1.3.4 有限元法的实现过程

有限元法的实现过程主要是指有限元模型的建立与求解过程，主要包括五个步骤：对象离散化、单元分析、构造总体方程（单元方程综合或建模）、求解方程及输出结果。

（1）对象离散化。当研究对象为连续介质问题时，首先需要将研究对象进行合理的离散化分割，即根据预期精度或经验将连续问题进行有限元分割。对于连杆结构体，由于其结构本身存在自然的节点连接关系，因此杆件结构本身可以作为一种自然的离散系统（除非连杆结构体的单连体也较大，需要对其内部进行细化分析）。由此可见，对于各种实体结构，通常需要根据实际情况将连续体进行适当的分割，得到有限元，使研究对象的整体变为由一系列有限元构成的组合体。

（2）单元分析。有限元法的核心工作之一是对各单元的分析。例如，分析各单元的节点力与节点位移之间的关系和边界条件，以便建立能够用于描述实体总体结构特征的单元刚度矩阵。通常，对于实体结构的单元刚度矩阵，需先确定其内部的位移插值函数及近似描述变量，再通过变分原理得到。对于简单的杆件结构的刚度矩阵则可通过直观的力学概念得到。

（3）构造总体方程。将单元刚度矩阵组成总体方程刚度矩阵，且总体方程应满足相邻单元在公共节点上的位移协调条件，即整个结构的所有节点载荷与节点位移之间应存在相互的变量关系。有限元的总体方程即为被研究对象的有限元模型。

（4）求解方程。在求解有限元模型时，应考虑总体刚度方程中引入的边界条件，以便得到符合实际情况的唯一解。通过选择合适的线性代数方程组的数值求解方法，求得结构中各单元节点上的变量值，进而可以求出节点外任意点上的变量值，这些变量值可以是位移、应变和应力等物理量。事实上，随着有限元划分的数量增多，使总体方程的维数增大，其求解过程将变得十分庞大和烦琐。

（5）输出结果。有限元模型求解结束后，可通过数值解序列或由其构成的图形显示结果，分析被研究对象的物理结构变形情况，以及各种物理量间的变化关系。例如，通过列表显示各种数据信息，用等值线分布图显示等受力点，或用动画显示各种量的变化过程。

现代有限元法是工程分析中一种处理偏微分方程边值问题的最有效数值方法之一，对于工程中许多场变量的定解问题，通过有限元法可以得到满足工程要求的近似解。此外，有限元法的推广应用在很大程度上依赖于计算机及其软件技术的先进程度。

1.3.5 有限元法的特点

（1）基本思想简单朴素，概念清晰易理解。有限元法的基本思想就是几何离散和分片插值，其概念清晰、容易理解。用离散单元的组合体来逼近原始结构，体现了几何上的近似；用近似函数逼近未知变量在单元内的真实解，体现了数学上的近似；利用与原问题等效的变分原理（如最小势能原理）建立有限元基本方程（刚度方程），又体现了其明确的物理背景。

（2）理论基础厚实，数值计算稳定、高效。有限元法计算方程的建立既可基于物理概念推得，如直接刚度法、虚功原理，也可基于纯数学原理推得，如泛函变分原理、加权残值法。通常直接刚度法、虚功原理用于杆系结构或结构问题的方程建立；变分原理涉及泛函极值，既适用于简单的结构问题，也适用于更复杂的工程问题（如温度场问题）。当给定的问题存在经典变分叙述时，利用变分原理很容易建立这类问题的有限元方程。当给定问题的经典变分不存在时，可采用更一般的方法来建立有限元方程，如加权残值法。加权残值法由问题的基本微分方程出发而不依赖于泛函，可用于处理一般问题中有限元方程的建立，如流固耦合问题。所以，有限元法不仅具有明确的物理背景，更具有坚实的数学基础，且数值计算的收敛性、稳定性均可从理论上得到证明。

（3）边界适应性强，精度可控。和早期的其他数值计算方法（如差分法）相比，有限元法具有更好的边界适应性。由于有限元法的单元不限于均匀规则的单元，单元形状有一定的任意性，单元大小可以不同，且单元边界可以是曲线或曲面，不同形状的单元可进行组合，所以有限元法可以处理任意复杂边界的结构。同时，有限元法的单元可以通过增加插值函数的阶次提高有限元解的精度，避免了里兹法在整个计算区域构造逼近函数、难以满足局部区域计算精度的问题。因此，理论上讲，有限元法可通过选择单元插值函数的阶次和单元数目来控制计算精度。

（4）可用于求解多种物理问题。有限元分片插值原理不受场函数满足方程形式的限制，也不限制各个单元内方程必须是相同的形式，可广泛适用于求解多种物理问题，如弹塑性问题、动力问题、流体力学问题、热力学问题、电磁学问题等。

（5）计算格式规范，易于程序化。有限元法计算格式规范，用矩阵表达，方便处理，易于计算机程序化。

（6）计算方法通用，应用范围广。有限元法是一种通用的数值计算方法，应用范围广，不仅能分析具有复杂边界条件、线性和非线性、非均质材料、动力学等结构问题，还可推广到解答数学方程中的其他边值问题，如热传导、电磁场、流体力学等问题。理论上讲，只要是用微分方程表示的物理问题，都可用有限元法进行求解。

1.4 有限元软件简介

有限元软件可以分为通用软件和专用软件两类。通用软件适应性广，规格规范，输入方法简单，有比较成熟齐全的单元库，大多提供二次开发的接口。针对某些特定领域、特定问题开发的专用软件，在解决专有问题时显得更为有效。不管是通用软件还是专用软件，其分析过程都包括前处理、分析计算、后处理三个步骤。目前常用的有限元软件有 ANSYS、MARC、ABQUS、NASTRAN、ADINA、ALGOR、SAP、STRAND、FEPG 等，下面针对 ANSYS 与 ABQUS 进行简要介绍。

1.4.1 ANSYS

ANSYS 软件是融结构、流体、电场、磁场、声场分析于一体的大型通用有限元分析软件。它是由世界上最大的有限元分析软件公司之一的美国 ANSYS 公司开发出来的软件，能与多数 CAD 软件接口，实现数据的共享和交换，如 Pro/Engineer、UG、NASTRAN、Alogor、I-DEAS、AutoCAD 等，是现代产品设计中的高级 CAD 工具之一。

目前 ANSYS 软件的功能很丰富，主要功能模块包括：结构分析模块（mechanical）、多物理场分析模块（multiphysics）、电磁分析模块（EMAG）、计算流体力学模块（CFX）和瞬态动力学模块（LS-DYNA）等。

ANSYS/mechanical 是 ANSYS 的核心产品，是以结构力学分析为主的有限元软件，功能包括：线性结构静力分析、非线性分析（材料非线性、几何非线性及边界条件非线性）、动力学分析、断裂力学分析、稳定性分析（屈曲分析）、热分析、热-结构耦合分析、热-电耦合分析等。另外，ANSYS/mechanical 还提供优化设计、概率设计和二次开发工具。

ANSYS/multiphysics 是 ANSYS 的特色产品，为位移、温度场、电磁场和流场等多物理场耦合分析提供了统一的分析环境和数据库，其功能包括：热-结构耦合、结构-电耦合、结构-磁耦合、结构-声学耦合、结构-流体耦合、热-电耦合、热-磁耦合、流体-热耦合、流体-电磁耦合等。需要注意的是，ANSYS 流体分析采用的不是有限元法。

ANSYS 软件具有如下特点：

（1）实现前后处理、求解及多场分析统一数据库的一体化大型 FEA 软件；

（2）强大的非线性分析功能；

（3）多种求解器分别适用于不同的问题及不同的硬件配置；

（4）支持异种、异构平台的网络浮动，在异种、异构平台上用户界面统一、数据文件全部兼容；

（5）具有并行计算功能，支持分布式并行及共享内存式并行；

（6）参数化设计语言 APDL，用户编程接口 UPFs；

（7）提供 CAD 软件接口，包括 Unigraphics、Pro/ENGINEER、I-Deas、Catia、CADDS、SolidEdge 和 SolidWorks；

（8）支持多种硬件平台，包括 Intel PC、SGI、HP、SUN、ALPH、IBM 和 CRAY。

1.4.2 ABAQUS

ABAQUS 是美国 HKS 公司的产品，它是一套先进的通用有限元系统，也是功能最强大的有限元软件之一，可以分析复杂的固体力学和结构力学系统。ABAQUS 有两个主要分析模块：ABAQUS/Standard 提供了通用的分析能力，如应力和变形、热交换、质量传递等；ABAQUS/Explicit 对时间进行显示积分求解，为处理复杂接触问题提供了有力的工具，适合于分析短暂、瞬时的动态事件。

应用有限元软件进行建模与分析的基本步骤如下：

（1）建立实际工程问题的计算模型。实际的工程问题往往很复杂，需要采用适当的模型在计算精度和计算规模之间取得平衡。常用的建模方法包括利用几何、载荷的对称性简化模型，建立等效模型。

（2）选择适当的分析单元，确定材料参数。侧重考虑是否多物理场耦合问题、是否存在大变形、是否需要网格重划分等。

（3）前处理（preprocessing）。前处理的主要工作内容为建立几何模型（eometric modeling），单元划分（meshing）与网格控制，给定约束（constraint）和载荷（load）。在多数有限元软件中，不能指定参数的物理单位。用户在建模时，要确定力、长度、质量及派生量的物理单位。在建立有限元模型时，最好使用统一的物理单位，这样做不容易弄错计算结果的物理单位，建议选用 kg、N、m、s，常采用 kg、N、mm、s。

（4）求解(solution)。选择求解方法，设定相应的计算参数，如计算步长、迭代次数等。

（5）后处理（postprocessing）。后处理的目的在于确定计算模型是否合理、计算结果是否合理、提取计算结果。用可视化方法（等值线、等值面、色块图）显示计算结果，包括位移、应力、应变、温度等，分析计算结果的合理性。确定计算结果的最大、最小值，分析特殊部位的应力、应变或温度。

1.5 ANSYS 的发展过程

1963 年，ANSYS 的创办人 John Swanson 博士任职于美国宾州匹兹堡西屋公司的太空核子实验室，当时他的工作之一是为某个核子反应火箭作应力分析。为了工作上的需要，Swanson 博士写了一些程序来计算加载温度和压力的结构应力和位移。几年后，他在 Wilson 博士的有限元素法热传导程序的基础上，扩充了很多三维分析的程序，包括板壳、非线性、塑性、潜变、动态全程等，此程序当时命名为 STASYS（structural analysis system）。1969 年，Swanson 博士离开西屋，在邻近匹兹堡的自家车库中创立了自己的公司 Swanson Analysis Systems Inc（SASI）。1970 年，商用软件 ANSYS 宣告诞生。

1979 年，ANSYS 3.0 开始在 VAX11-780 迷你计算机上运行。此时，ANSYS 已经由定格输入模式演化到指令模式，并可以在 Tektronix 4010 及 4014 单色向量绘图屏幕上显示图形。较复杂的模型，通常需要 20~30 min 显示隐线图形。节点和元素都必须一笔一笔地建立，完全没有办法导入外部几何模型，用户大量使用 NGEN、EGEN、RPnnn 等指令来建构模型。当时已有简单的几何前处理器 PREP7。

1984 年，ANSYS 4.0 开始支持 PC。此时使用的芯片是 Intel 286，使用指令互动的模式，可以在屏幕上绘出简单的节点和元素。不过这时还没有 Motif 规格的图形界面，前处理、后处理及求解都在不同的程序上执行。

1994 年，Swanson Analysis Systems Inc 被 TA Associates 并购。同年，该公司在底特律的 AUTOFACT 94 展览会上宣布了新的公司名称 ANSYS。

1996 年，ANSYS 推出 5.3 版，此版本是 ANSYS 第一次支持 LS-DYNA。1997~1998 年间，ANSYS 开始向美国许多著名教授和大学实验室发送教育版，期望能从学生及学校开始，推广 ANSYS。

2001 年初，ANSYS 首先和 International TechneGroup Incorporated 合作推出了 CADfix for ANSYS 5.6.2/5.7，以解决由外部汇入不同几何模型图文件的问题，接着先后并购了 CADOE S. A 及 ICEM CFD Engineering。同年 12 月，ANSYS 6.0 版开始发售，此版的离散（Sparse）求解模块有显著的改进，不但速度增快，而且内存空间需求大为减小。

2002 年 4 月，ANSYS 推出 6.1 版，Motif 格式图形界面被新的版面取代（用户仍可使用旧界面）。此新的界面是由 Tcl/tk 发展出来的，也支持 Intel Itanium 64 位芯片及 Windows XP 的组合。同年 10 月，ANSYS 推出 7.0 版，离散求解模块有更进一步的改进，在接触分析方面也有一些重大的改进和加强。7.0 版亦加入了 AI Workbench Environment（AWE），这是 ANSYS 合并 ICEM CFD 后，采用其技术改进 ANSYS 的一个重要里程碑。

2003 年，CFX 加入了 ANSYS 大家庭并正式更名为 ANSYS CFX。CFX 是全球第一个通过 ISO 9001 质量认证的大型商业 CFD 软件，是英国 AEA Technology 公司为解决其在科技咨询服务中遇到的工业实际问题而开发的。诞生在工业应用背景中的 CFX 一直将精确的计算结果、丰富的物理模型、强大的用户扩展性作为发展的基本要求，并以在这些方面的卓越成就引领 CFD 技术的不断发展。目前，CFX 已经遍及航空航天、能源、石油化工、机械制造、汽车、生物技术、水处理、火灾安全、冶金、环保等领域，为其在全球 6000 多个用户解决了大量的实际问题。同年 12 月，ANSYS 公司推出 ANSYS 8.0，同时推出最新产品 CFX、CART3D、Workbench、Paramesh、FE Modeler 以及 Feko 等。

2006 年 2 月，ANSYS 公司收购 Fluent。Fluent 公司是全球著名的 CAE 仿真软件供应商和技术服务商，Fluent 软件应用先进的 CFD（计算流体动力学）技术帮助工程师和设计师仿真流体、热、传导、湍流、化学反应，以及多相流中的各种现象。

2008 年，ANSYS 完成了对 Ansoft 公司的一系列收购，Ansoft 和 ANSYS 的结合可用于所有涉及机电一体化产品的领域，使得工程师可以分别从器件级、电路级和系统级综合考虑一个复杂的电子设计。在 ANSYS Workbench 环境中进行交互仿真可以让工程师进行紧密结合的多物理场仿真，这对整个机械电子设计领域起到重要的支撑作用。

2009 年 6 月，ANSYS 12.0 在中国正式推出，此版本不仅在计算速度上进行了改进，而且增强了软件的几何处理、网格划分和后处理等能力。另外，它还将创新的、令人耳目一新的数值模拟技术引入各主要物理学科，这些改进代表了数值模拟驱动产品的发展道路又向前迈出了一步。

2011 年 7 月，ANSYS 公司收购了模拟软件提供商 Apache Design Solutions。Apache Design Solutions 公司设计的软件可以使工程师设计和模拟高性能电子产品中的低能耗集成电路系统（多出现于平板电脑、智能手机、LCD 电视、笔记本电脑及服务器设备中），而且此次收购 Apache Design Solutions 有助于填补 ANSYS 在集成电路解决方案领域的空白。同年 12 月，ANSYS 14.0 正式发布，该版本在放大工程、复杂系统的模拟、高性能计算（HPC）等领域具有新的优势。

2012 年 5 月，ANSYS 收购 Esterel Technologies 公司。Esterel 的 SCADE 解决方案有助于软件和系统工程人员设计、仿真和生产嵌入式软件，即飞机、铁路运输、机动车、能源系统、医疗设备和其他使用中央处理单元的工业产品中的控制代码。现代产品的系统日趋复杂，通常由硬软件和电子线路组成。例如，当今复杂的飞机、铁路和机动车产品往往拥有数以千万行的嵌入式软件代码，这些代码可用于飞行控制、机舱显示、发动机控制和驾驶人员辅助系统等多种用途。对于安全与合规要求较高的嵌入式软件开发而言，Esterel 已成为用户的首选。

2013 年 4 月，ANSYS 收购 EVEN，后者成为 ANSYS 在瑞士的全资子公司。EVEN 公司将复合材料结构分析技术应用于 ANSYS Composite PrepPost 产品中，该产品与 ANSYS Workbench 中的 ANSYS Mechanical 以及 ANSYS Mechanical APDL 紧密结合，复合材料包含两种或两种以上属性迥异的材料。由于具备质量轻、强度高、弹性好等优点，复合材料已成为汽车、航空航天、能源、船舶、赛车和休闲用品等多种制造领域的标准材料。因此，复合材料的使用量快速增长，复合材料的大量应用也推动了对于新的设计、分析和优化技术的需求。EVEN 是复合材料仿真领域的领先者，此次收购凸显了 ANSYS 对于这种新兴技术的高度重视。同年 12 月，ANSYS 推出新的版本 ANSYS 15.0，其独特的新功能为指导和优化产品设计带来了更好的方法。ANSYS 15.0 在结构、流体和电磁仿真技术等方面都有重要的进展。此外，该版本可满足工程多物理场仿真的工作需求。其中，在结构领域 ANSYS 15.0 可帮助用户更深入地洞察复合材料仿真，新的流体动力学求解功能使旋转机械的仿真更加精确。ANSYS 15.0 继续加强了 ANSYS 前处理功能在业界的领先地位，无论是何种类型的物理场仿真，新版本都能帮助用户快速、准确地为各种尺度的模型和复杂结构生成网格。此外，ANSYS 15.0 还进一步巩固了该公司在高性能计算（HPC）领域的全球领先地位，将已经是同类最佳性能的求解速度提升了 5 倍。

2015 年 1 月，ANSYS 16.0 正式发布，该版本提供的高级功能可帮助工程师快速推动产品创新，大幅改进了包括结构、流体、电子、系统工程解决方案的整个产品组合，让工程师能够验证完整的虚拟原型，其主要优势体现在实现电子设备的互联、仿真各种类型的结构材料、简化复杂流体动力学工程问题、基于模型的系统和嵌入式软件开发、全新推出的统一多物理场环境等方面。

2016 年 1 月，ANSYS 17.0 正式发布，该版本帮助结构、流体、电磁和系统等各学科领域的工程师进行产品开发工作。新一代 ANSYS（NASDAQ：ANSYS）行业领先工程仿真解决方案为产品开发的未来巨大突破做好了充分准备，其生产力、深入洞察能力以及性能都得到了大幅提升，在智能设备、自动驾驶汽车乃至节能机械设备等一系列产业计划中实现了前所未有的发展。

2017 年 1 月，ANSYS 18.0 正式发布，该版本不仅采用全新的 Modelica 图形建模编辑器、最新降阶模型接口，还能与 Modelon 的模型库无缝兼容，可帮助用户设计完整的电气系统。此外，ANSYS18.0 还包含一些全新的特性功能，可帮助工程师以前所未有的精度求解更多的 CFD 问题，突破性的谐波分析可实现速度提升 100 倍的精确涡轮机械仿真。此外，ANSYS 18.0 还推出了 CFD Enterprise，这是首款面向企业 CFD 专家的解决方案，能帮助他们从容应对最难解的问题。

2019 年以来，ANSYS 2019、ANSYS 2020、ANSYS 2024 等先后发布，持续改善模拟仿真、数据管理、电磁产品等功能模块。

2 岩石单轴抗压试验求解实例

2.1 问题描述

考虑直角坐标系下平面应力弹性力学问题。如图 2.1所示,以红砂岩试样受轴向荷载进行单轴抗压试验为例,开展数值模拟试验。红砂岩试样弹性模量 $E=19150$ MPa,泊松比 $\mu=0.17$,密度为 $\rho=2600$ kg/m^3,试样高 $H=100$ mm,直径 $D=50$ mm。

计算:(1)应力云图;(2)应变云图;(3)位移云图;(4)整体变形图;(5)应力-应变曲线。

本实例模拟基于 ANSYS 2020R2 软件开展。ANSYS 作为强大的数值模拟软件,拥有较为高效便捷的建模和网格划分手段。

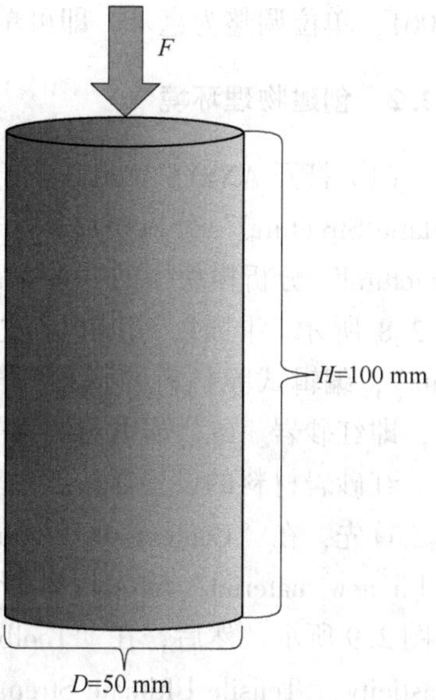

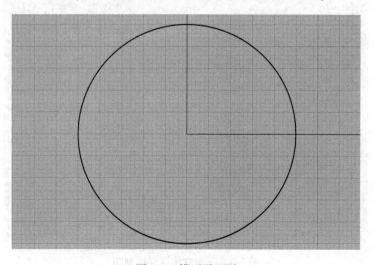

图 2.1 红砂岩试样单轴抗压试验示意图

2.2 数值模拟操作详解

2.2.1 创建 Rhino 模型

(1)绘制模型平面图。利用 Rhino3D 建模软件,通过绘制工具中的"圆绘制"功能,绘制出半径为 25 mm 的圆,绘制出的模型平面示意图如图 2.2 所示。

图 2.2 模型平面图

（2）绘制三维立体试样模型。通过如图 2.3 所示的实体工具中的"挤出曲面"功能，绘制出三维立体试样模型，试样的高度为 100 mm。绘制出的三维立体试样模型如图 2.4 所示。

（3）另存为 igs 格式。绘制完三维立体试样模型后，选择将文件格式另存为 igs 格式，方便将模型导入 ANSYS 进行后续的分析计算。在 Rhino 中弹出的另存为 igs 格式选项如图 2.5 所示，仅需将公差调整为 0.001，单位调整为毫米，即可单击"确定"。

2.2.2 创建物理环境

（1）打开 ANSYS Workbench 软件，软件界面如图 2.6 所示；选择 "Static Structural" 分析模块，如图 2.7 所示。用鼠标右键单击 "Static Structural" 分析模块中的 "Geometry"，选择导入的创建好的模型，如图 2.8 所示。同时，用鼠标左键单击图 2.8 所示中 "Engineering Data"，编辑试验材料的物理力学参数。本试验涉及的材料只有一种的，即红砂岩。红砂岩的材料参数需要自行设置。

红砂岩材料的设置需按照以下操作进行：

首先，在 "Contents of Engineering Data" 框内单击 "Click here to add a new material" 输入红砂岩材料的名称，单击"回车键"确认，如图 2.9 所示。然后，在 "Toolbox" 框内，依次双击 Density、Isotropic Elasticity、Tensile Ultimate Strenath 以及 Compressive Ultimate Strenath，

图 2.3　实体工具

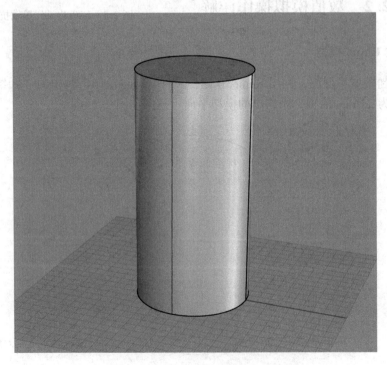

图 2.4　三维立体试样模型图

2.2 数值模拟操作详解

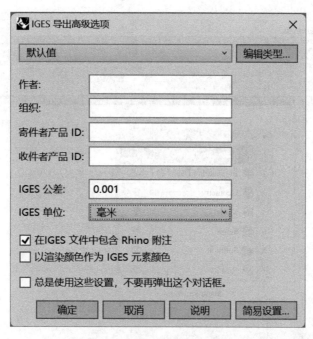

图 2.5 另存为 igs 格式选项图

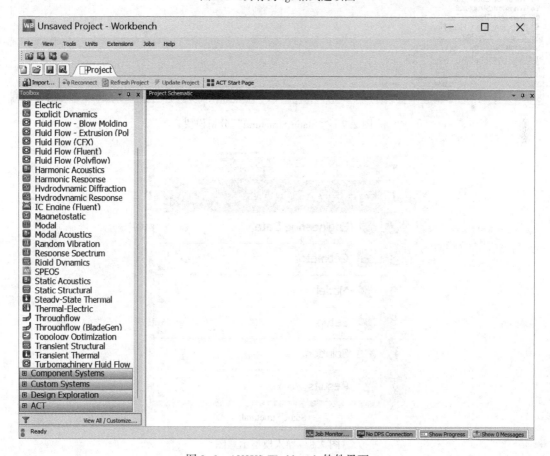

图 2.6 ANSYS Workbench 软件界面

2 岩石单轴抗压试验求解实例

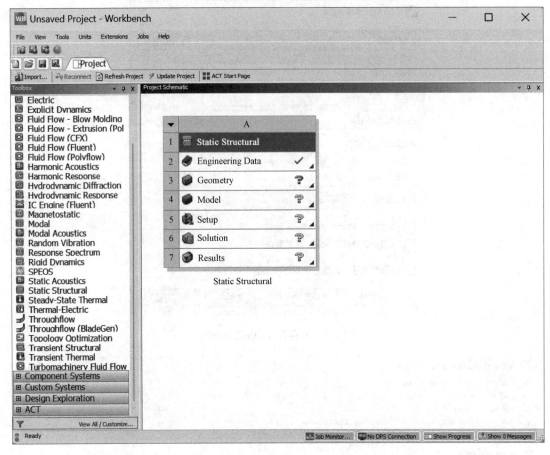

图 2.7 "Static Structural" 分析模块

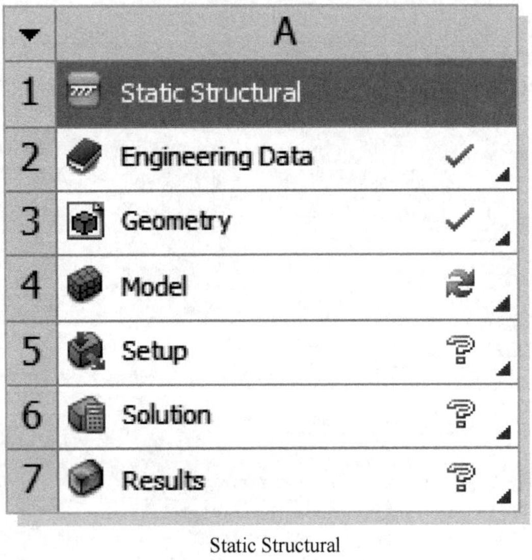

图 2.8 导入模型示意图

2.2 数值模拟操作详解

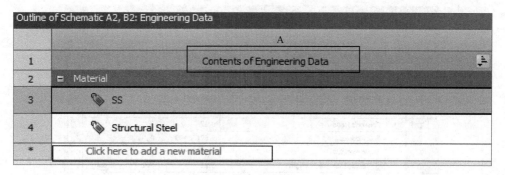

图 2.9 添加新材料示意图

如图 2.10 所示。最后，在"Property"框内输入材料参数，设置好的材料参数如图 2.11 所示。

（2）双击"Static Structural"分析模块中的"Model"选项，进入"Mechanical"界面，如图 2.12 所示。选择图 2.12 中最左侧分析树中的"Geometry"，设置模型的材料参数为"shayan"，如图 2.13 所示。

2.2.3 定义接触与约束

用鼠标右键单击图 2.14 分析树中的 Static Structural（C5），选择插入"Fixed Support"，选择约束红砂岩试验的底面。由于本实例模拟分析只有单独一个模型，故不需要设置接触。

2.2.4 网格划分

用鼠标右键单击图 2.15 分析树中的"Mesh"，选择插入"Automatic Method"，设置红砂岩试样的网格划分方法为"Automatic"；再用鼠标右键单击图 2.15 分析树中的"Mesh"，选择插入"Body Sizing"，设置半圆盘试样的网格尺寸为"2.0 mm"，如图 2.16 所示。

设置好以上参数后，用鼠标右键单击图 2.16 分析树中的"Mesh"，选择"Generate Mesh"，生成的模型网格图如图 2.17 所示。

2.2.5 设置加载条件

用鼠标右键单击图 2.16 分析树中的 Static Structural（C5），选择插入"Force"，结合室内试验得出荷载数据进行设置。设置好的荷载如图 2.18 所示。

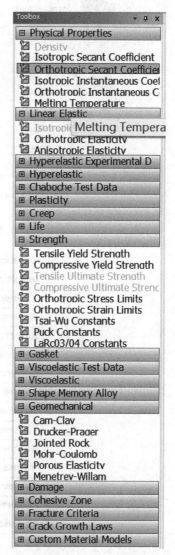

图 2.10 添加物理力学参数示意图

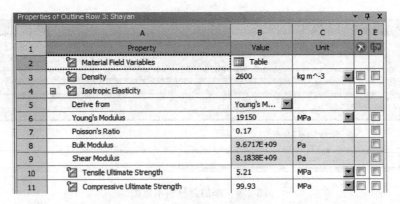

图 2.11　材料参数设置界面

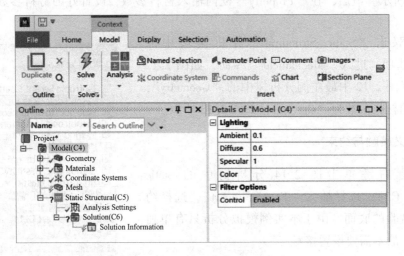

图 2.12　"Mechanical"界面

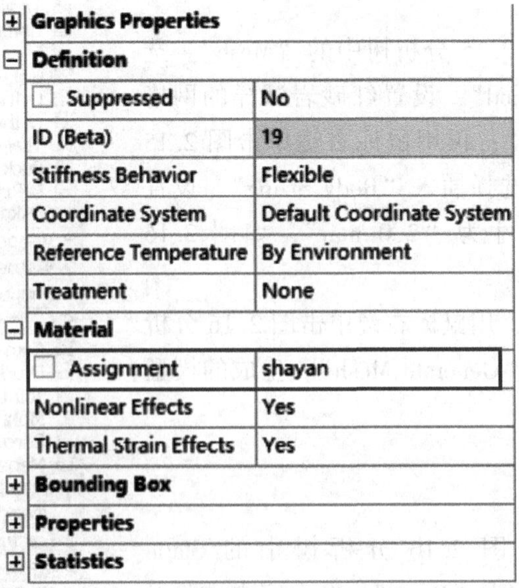

图 2.13　指定模型材料参数

2.2 数值模拟操作详解

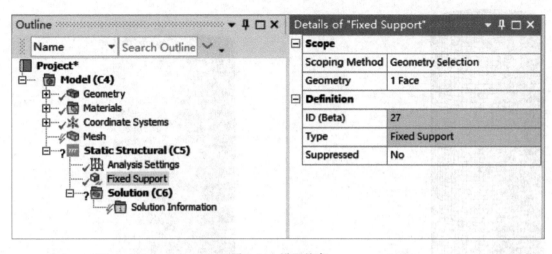

图 2.14　设置约束

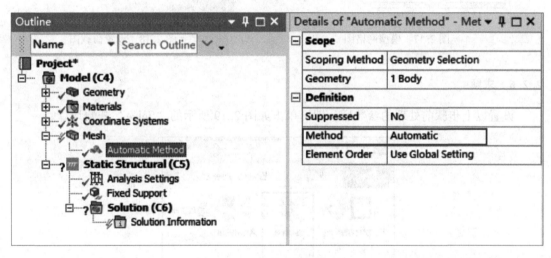

图 2.15　设置网格划分方法

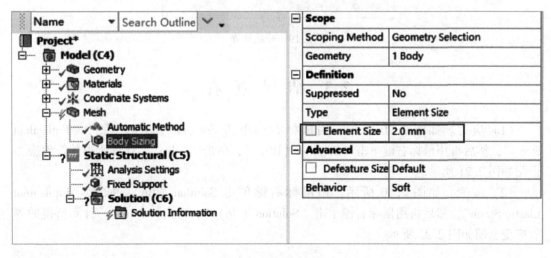

图 2.16　设置网格尺寸

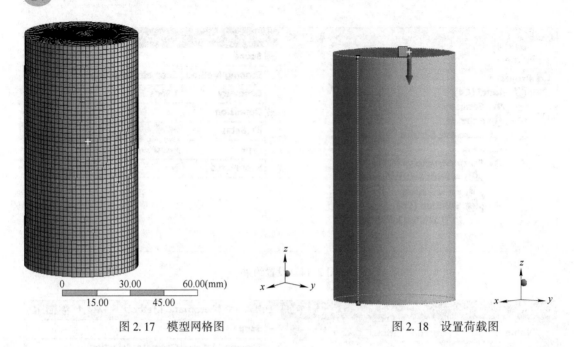

图 2.17　模型网格图　　　　　　　图 2.18　设置荷载图

2.2.6　求解

设置以上步骤前处理的参数后,即可单击如图 2.19 所示的"Solve"开始计算。

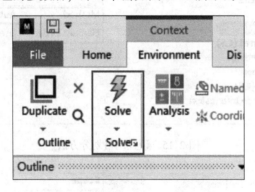

图 2.19　开始计算

2.3　结 果 查 看

(1) 应力。如图 2.20 所示,用鼠标右键单击 Solution (B6),插入"Equivalent Stress",然后再用鼠标右键单击"Solution (B6)",单击"Solve"。计算所得的等效应力云图如图 2.21 所示。

(2) 应变。如图 2.20 所示,用鼠标右键单击 Solution (B6),插入"Equivalent Elastic Strain",然后再用鼠标右键单击"Solution (B6)",单击"Solve"。计算所得的等效应变云图如图 2.22 所示。

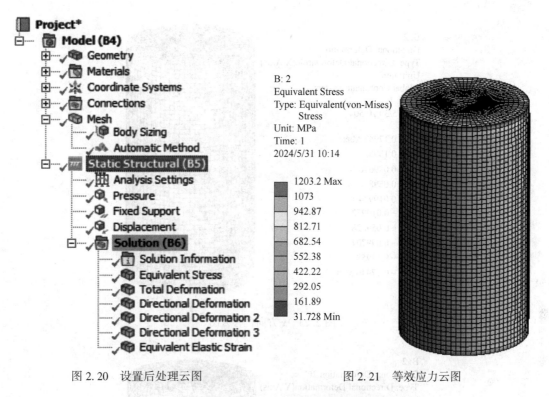

图 2.20　设置后处理云图　　　　图 2.21　等效应力云图

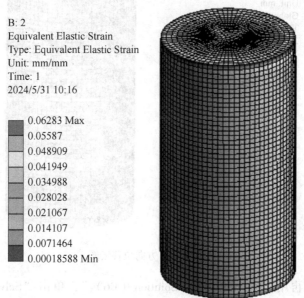

图 2.22　等效应变云图

(3) 位移。如图 2.20 所示用鼠标右键单击"Solution (B6)",插入"Directional Deformation",然后再用鼠标右键单击"Solution (B6)",单击"Solve"。计算所得的位移云图如图 2.23~图 2.25 所示。

(4) 整体变形图。如图 2.20 所示,用鼠标右键单击"Solution (B6)",插入"Total

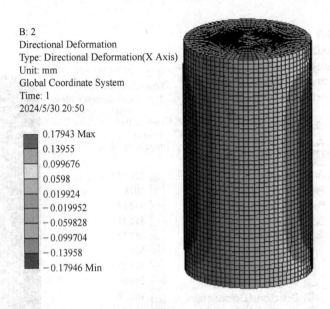

图 2.23 x 方向位移云图

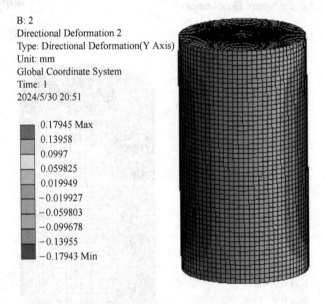

图 2.24 y 方向位移云图

Deformation",然后再用鼠标右键单击"Solution（B6）",单击"Solve"。计算所得的位移云图如图 2.26 所示。

(5) 应力-应变曲线。如图 2.20 所示，用鼠标右键单击"Solution（B6）",插入"Normal Elastic Strain 4",然后单击"Geometry"选择监测点，单击"Orientation"选择为"Z Axis",如图 2.27 所示；用鼠标右键单击"Solution（B6）",插入"Normal Stress",然后单击"Geometry"选择监测点，单击"Orientation"选择为"Z Axis",如图 2.28 所示；用鼠标右键单击"Solution（B6）",单击"Solve"。最后，用鼠标右键单击"Normal

2.3 结果查看

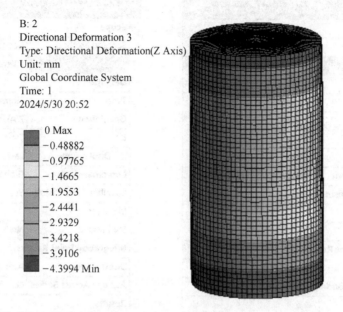

图 2.25 z 方向位移云图

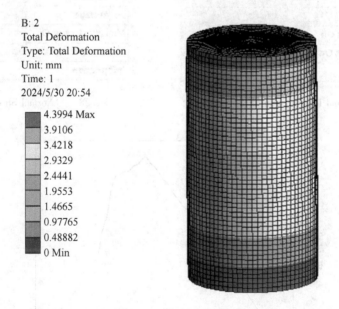

图 2.26 总变形云图

Elastic Strain"和"Normal Stress"选择"Export"导出数据，将数据在 Excel 中进行处理，然后导入 Origin 作图，得出的应力-应变曲线如图 2.29 所示。

Details of "Normal Elastic Strain 4"	
Scope	
Scoping Method	Geometry Selection
Geometry	1 Vertex
Definition	
Type	Normal Elastic Strain
Orientation	Z Axis
By	Time
Display Time	Last
Coordinate System	Global Coordinate System
Calculate Time History	Yes
Identifier	
Suppressed	No
Integration Point Results	
Display Option	Averaged
Average Across Bodies	No
Results	
Minimum	
Maximum	
Average	
Minimum Occurs On	
Maximum Occurs On	
Information	

图 2.27 "Normal Elastic Strain 4" 方向设置

Details of "Normal Stress"	
Scope	
Scoping Method	Geometry Selection
Geometry	1 Vertex
Definition	
Type	Normal Stress
Orientation	Z Axis
By	Time
Display Time	Last
Coordinate System	Global Coordinate System
Calculate Time History	Yes
Identifier	
Suppressed	No
Integration Point Results	
Display Option	Averaged
Average Across Bodies	No
Results	
Minimum	
Maximum	
Average	
Minimum Occurs On	
Maximum Occurs On	
Information	

图 2.28 "Normal Stress" 方向设置

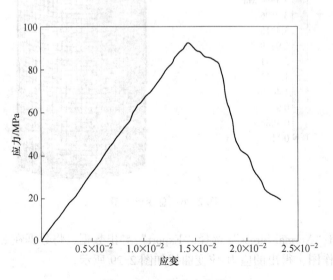

图 2.29 应力-应变曲线

3 应力强度因子求解实例

3.1 问题描述

G. R. Irwin 在 1955 年利用弹性力学原理深入研究了裂纹尖端的应力-应变场,为裂纹力学领域带来了重要的突破。他引入了应力强度因子的概念,表示为 $K=Y\sigma\sqrt{\pi a}$,其中 Y 是试样的几何系数,是一个无量纲常数,为裂纹尖端应力场的关键指标。不同计算方法的应用丰富了裂纹力学的研究领域,计算应力强度系数的方法包括解析法、数值解法和试验标定法等。然而,解析法受到其局限性的制约,仅适用于特定问题,与试样几何尺寸和断裂临界荷载密切相关。试验标定法,尤其是光测弹性力学法,虽然在实际运用中较为烦琐且耗时,却能够解决解析法无法求解的问题,为特殊情境提供了一种有效的手段。在工程应用中,有限元法成为一种常见而有效的方法。与解析法相比,有限元法不受试样几何尺寸的限制,操作简便且计算准确度得到了学术认可。其优势在于能够反映模型在加载过程中的真实力学行为,为工程领域提供了可靠而全面的裂纹分析手段。

有限元法在裂纹力学研究中扮演着重要的角色,包括 J 积分法、相互作用积分法、直接法和间接法等四种主要方法。J 积分法是其中的一个核心技术,最早由 Rice 在 1968 年提出。J 积分值是一个独立于积分路径的参数,它的特殊性质使得它在展现裂纹尖端应力场、变形场和断裂特征上发挥了重要作用。J 积分法的引入标志着裂纹力学研究的深入发展,为解决裂纹问题提供了新的视角。该方法独立于积分路径的特性,在裂纹问题分析中具有独特的优势,为研究者提供了更为灵活和全面的工具。

$$J = \int_\Gamma \left(W \mathrm{d}y - \boldsymbol{T} \frac{\partial \boldsymbol{u}}{\partial x} \mathrm{d}s \right) \tag{3.1}$$

式中,Γ 为从裂纹下表面沿任意路线绕到裂纹尖端上表面上一点的积分路径;W 为积分路径 Γ 上任意节点的应变能密度;$\boldsymbol{T}$ 为积分路径 Γ 上的应力矢量;$\boldsymbol{u}$ 为积分路径 Γ 上的位移矢量。

上述描述涵盖了裂纹力学中对裂纹尖端周围应变、应力以及位移等关键物理量的积分分析,为深入理解裂纹行为提供了数学工具和理论基础。这种路径积分的方法在裂纹力学研究中具有广泛应用,能够描述裂纹尖端的力学响应和能量释放特性,为工程领域的裂纹分析提供了有效的数学框架。

相互作用积分法是近年来广泛应用于解决断裂力学问题的一种方法,这种方法是通过研究真实场与附加场的叠加产生的 J 积分(记作 J^s)来探讨断裂问题,如式(3.2)所示。这一过程的关键在于对 J 积分的分解和相互作用积分的提取,使得研究者能够更全面、深入地理解材料的断裂行为。相互作用积分法的提出为研究断裂问题提供了一种有效的工具,有助于更深入地了解材料的断裂机制。

$$J^s = J + J^{aux} + I \tag{3.2}$$

式中，J^{aux} 为附加应力-变形场的 J 积分；I 为真实场与附加场相互作用积分。

直接法是裂纹力学中的一种方法，主要分为应力法和位移法。应力法基于裂尖应力的变化，利用有限元软件的求解函数计算裂尖的应力强度因子。通过分析裂纹周围的应力分布，应力法直接推导裂尖处的应力强度因子，为裂纹行为研究提供了直接而实用的分析手段。位移法基于裂尖的位移-应力关系，通过求解位移场来得到应力强度因子。这两种直接法在实际应用中提供了一些有效途径，但也存在一些局限性。特别是在有限元采用刚度法求解裂尖应力时，所得应力强度因子的精度可能显著下降。另外，间接法是一种不同的途径。该方法首先计算裂纹开裂的能量释放率 G，然后将 G 转换成应力强度因子。尽管间接法具有一定的优势，但也存在一些挑战。该计算过程相当复杂，需要进行多次转换，结果导致计算时间的大量消耗，同时计算精确度也可能有一定程度的减小。

J 积分法和间接法具有一些共同的特点，它们对裂纹尖端的网格密度要求不高，同时 J 积分法还可应用于非线性研究的求解。然而，这两种方法在求解精度上存在一定的限制。直接法，特别是在刚度法求解应力强度因子时，面临着求解精度大幅下降的问题。相较之下，相互作用积分法在应对一些复杂情况时显示出一些优势，不仅可用于解决材料内部复合裂纹的断裂问题，还能处理裂纹面材料不同的情况，甚至能够解决曲面断裂问题。在选择应力强度因子的求解方法时，特别是在非均质材料中，相互作用积分法相对其他方法表现更为出色。因此，最终的选择是采用相互作用积分法，以更好地解决非均质材料中的应力强度因子问题。这一选择考虑了方法的优势，并着眼于在更为复杂的材料体系中获得更为可靠的分析结果。

本实例模拟基于 ANSYS 2020R2 软件开展，ANSYS 作为强大的数值模拟软件，拥有较为高效便捷的建模和网格划分手段。

3.2 静态数值模拟操作详解

3.2.1 创建 Rhino 模型

(1) 绘制模型平面图。利用 Rhino3D 建模软件，通过图 3.1 绘图工具中的"线绘制"和"弧线绘制"功能，绘制出半径为 25 mm 的半圆盘；半圆盘试样上下的三个小半圆为"三点弯曲试验中的加载载具"，半径为 5 mm。同时，绘制出半圆盘试样的预制裂纹，用一条直线表示，预制裂纹长度为 10 mm，角度为 45°，预制裂纹的宽度将在 ANSYS 的前处理中定义。绘制出的模型平面示意图如图 3.2 所示。

(2) 绘制三维立体试样模型。通过如图 3.3 所示的实体工具中的"挤出曲面"功能，绘制出三维立体试样模型，试样的厚度为 25 mm。绘制的三维立体试样模型如图 3.4 所示。

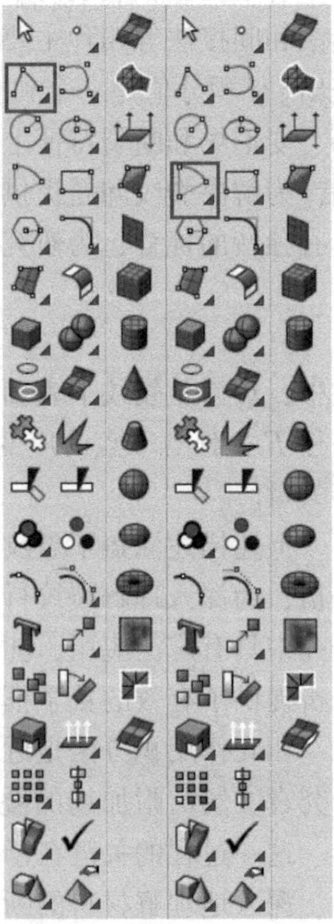

图 3.1 绘图工具示意图

3.2 静态数值模拟操作详解

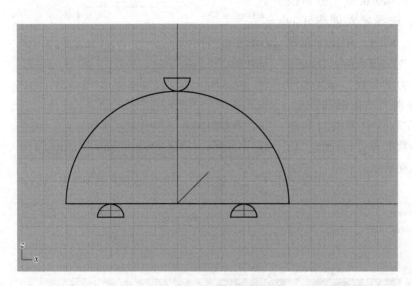

图 3.2　模型平面图

图 3.3　实体工具

图 3.4　三维立体模型图

（3）另存为 igs 格式。绘制完三维立体试样模型时，选择将文件格式另存为 igs 格式，方便将模型导入 ANSYS 进行后续的分析计算，在"Rhino"中弹出的另存为 igs 格式选项如图 3.5 所示；仅需将公差调整为"0.001"，单位调整为"毫米"，即可单击"确定"按钮。

3.2.2 创建物理环境

（1）打开 ANSYS Workbench 软件，软件界面如图 3.6 所示；选择"Static Structural"分析模块，如图 3.7 所示。用鼠标右键单击"Static Structural"分析模块中的"Geometry"，选择导入创建好的模型，如图 3.8 所示。同时，用鼠标左键单击图 3.8 所示中"Engineering Data"，编辑试验材料的物理力学参数，本实例涉及的材料有两种，分别为结构钢和砂岩，结构钢的材料参数在软件自带的材料库中，而砂岩的材料参数需要自行设置，设置的材料参数如图 3.9 所示。

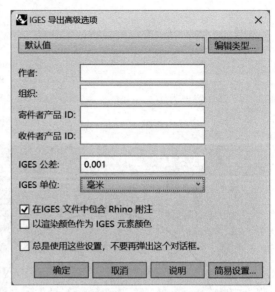

图 3.5 另存为 igs 格式选项界面

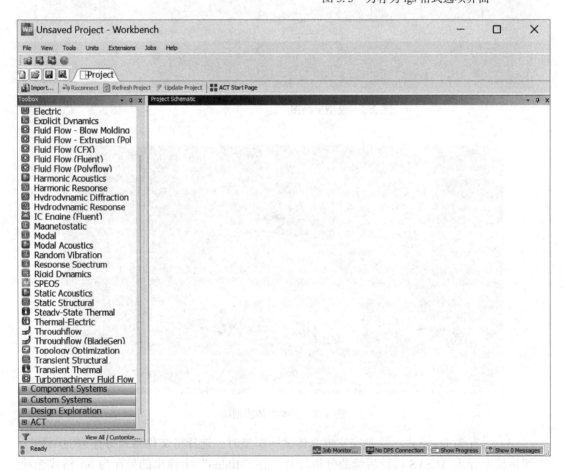

图 3.6 ANSYS Workbench 软件界面

3.2 静态数值模拟操作详解

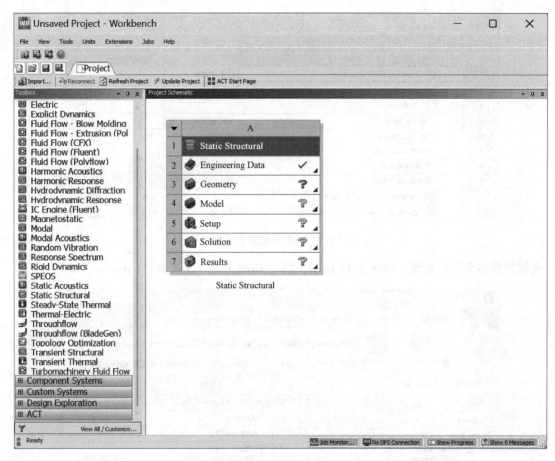

图 3.7 "Static Structural" 分析模块

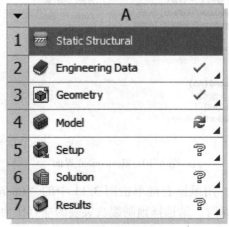

图 3.8 导入模型界面

(2) 双击 "Static Structural" 分析模块中的 "Model" 选项，进入 "Mechanical" 界面，如图 3.10 所示。选择图 3.10 中最左侧分析树中的 "Geometry"，设置平面的厚度，

Properties of Outline Row 3: Shayan

	A	B	C	D	E
1	Property	Value	Unit		
2	Material Field Variables	Table			
3	Density	2600	kg m^-3		
4	Isotropic Elasticity				
5	Derive from	Young's M...			
6	Young's Modulus	19150	MPa		
7	Poisson's Ratio	0.17			
8	Bulk Modulus	9.6717E+09	Pa		
9	Shear Modulus	8.1838E+09	Pa		
10	Tensile Ultimate Strength	5.21	MPa		
11	Compressive Ultimate Strength	99.93	MPa		

图 3.9　材料参数设置界面

也就是预制裂纹的宽度，如图 3.11 所示，将“Thickness”设置为“1 mm”。

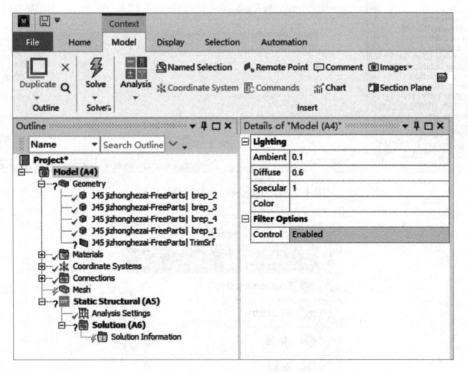

图 3.10　Mechanical 界面

（3）设置参考坐标系。用鼠标右键单击图 3.11 中的“Coordinate Systems”选项，选择插入坐标系；设置坐标系时，请选择预制裂纹尖端的端点作为坐标系的原点。设置的坐标系如图 3.12 所示。

3.2.3　定义接触与约束

选择图 3.13 中的“Connections”选项，设置接触对，除顶部加载点与试样接触的接触对设置为“Frictionless”以外，其余两个接触对均设置为“Frictional”，摩擦系数设置为

3.2 静态数值模拟操作详解

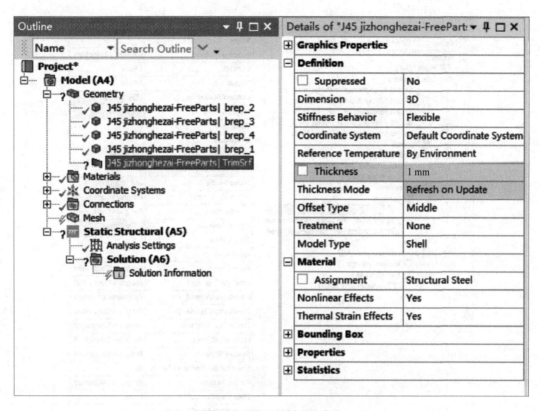

图 3.11 设置预制裂纹宽度

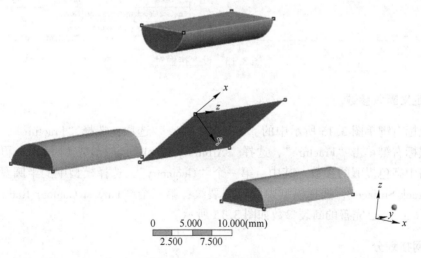

图 3.12 设置的坐标系

"0.4"。用鼠标右键单击图 3.13 分析树中的"Static Structural（A5）"，选择插入"Fixed Support"，选择约束半圆盘试样底部的两个半圆棒；用鼠标右键单击图 3.13 分析树中的"Static Structural（A5）"，选择插入"Displacement"，选择约束试样顶部半圆棒的 x 和 y 方向的位移为"0"。

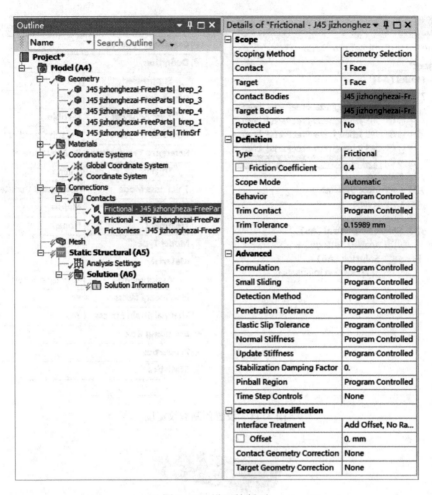

图 3.13 设置接触对

3.2.4 定义断裂参数

用鼠标右键单图 3.13 所示中的"Model（A4）"选项，选择"Fracture"，再在分析树中用鼠标右键单击"Fracture"，选择"Arbitrary Crack"，如图 3.14 所示，再依次设置右侧表格中亮色提醒的参数。其中，第一个"Geometry"，选择模型中的半圆盘试样；第二个"Crack Surface"，选择模型中的预制裂纹；第三个"Largest Contour Radius"，设置为"0.5 mm"。已完善的断裂参数如图 3.15 所示。

3.2.5 网格划分

用鼠标右键单击图 3.15 分析树中的"Mesh"，选择插入"Method"，设置半圆盘试样的网格划分方法为"Tetrahedrons"；再用鼠标右键单击图 3.15 分析树中的"Mesh"，选择插入"Sizing"，设置半圆盘试样的网格尺寸为"2 mm"。设置好以上参数后，再用鼠标右键单击图 3.15 分析树中的"Fracture"，选择"Generate All Crack Meshes"，生成的模型网格图如图 3.16 所示。

3.2 静态数值模拟操作详解

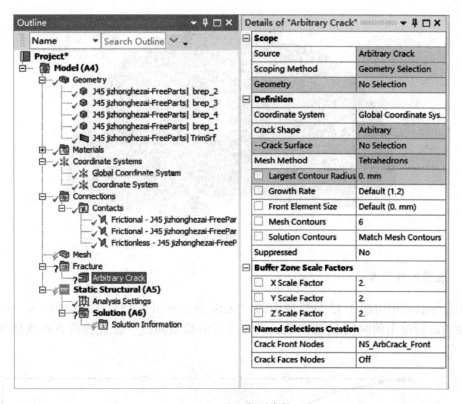

图 3.14 设置断裂参数

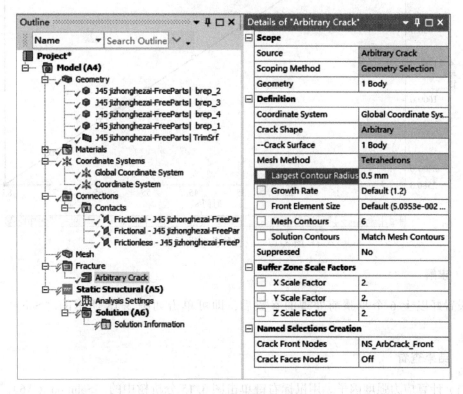

图 3.15 已完善的断裂参数

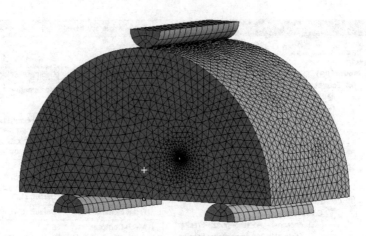

图 3.16 模型网格图

3.2.6 设置加载条件

用鼠标右键单击图 3.15 分析树中的"Static Structural（A5）"，选择插入"Force"，结合室内试验得出的时间-荷载曲线，设置真实的荷载曲线，设置的荷载曲线如图 3.17 所示。

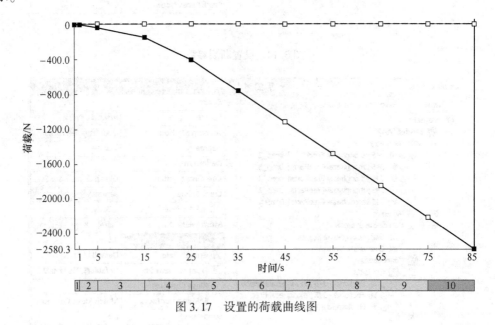

图 3.17 设置的荷载曲线图

3.2.7 求解

设置好以上 6 个步骤前处理的参数后，即可单击如图 3.18 所示的"Solve"开始计算。

3.2.8 结果查看

（1）计算应力强度因子。用鼠标右键单击图 3.15 分析树中的"Solution（A6）"，选择插入"Fracture Tool",再用鼠标右键单击"Fracture Tool",选择插入"SIFS Results"中的"K1"和"K2";最后,选择"Solve"。应力强度因子数据如图3.19和图3.20所示。

(2)导出数据。用鼠标右键单击右侧分析树中的应力强度因子选项,选择"Export",可对数据进行处理。

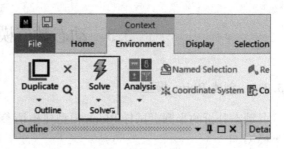

图3.18 开始计算

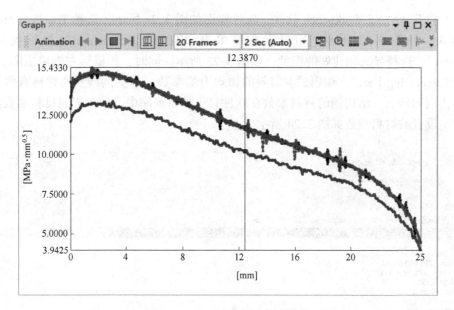

图3.19 Ⅰ型应力强度因子数据

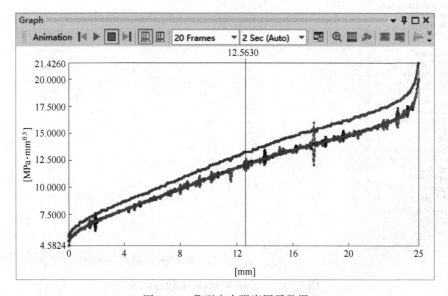

图3.20 Ⅱ型应力强度因子数据

3.3　动态数值模拟操作详解

3.3.1　创建 Rhino 模型

动态分析的半圆盘试样 Rhino 模型建模请参考 3.2.1 节。静态与动态分析均可用同一类模型。

3.3.2　创建物理环境

（1）打开 ANSYS Workbench 软件，软件界面如图 3.21 所示，选择 Transient Structural 分析模块，如图 3.22 所示。用鼠标右键单击"Transient Structural"分析模块中的"Geometry"，选择导入创建好的模型，如图 3.23 所示。同时，用鼠标左键单击图 3.23 所示中"Engineering Data"，编辑试验材料的物理力学参数，本实例涉及的材料有两种，分别为结构钢和砂岩，结构钢的材料参数在软件自带的材料库中，而砂岩的材料参数需要自行设置，设置的材料参数如图 3.24 所示。

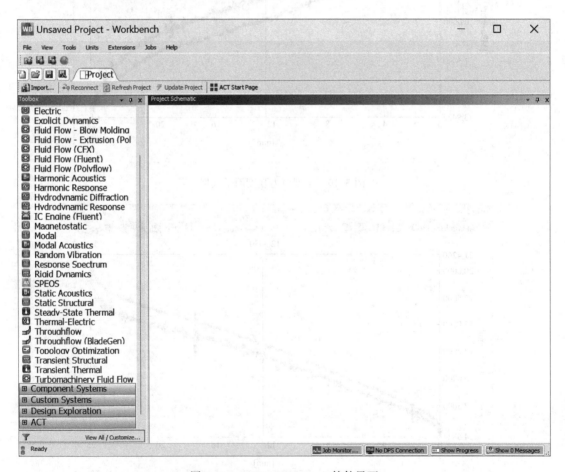

图 3.21　ANSYS Workbench 软件界面

3.3 动态数值模拟操作详解

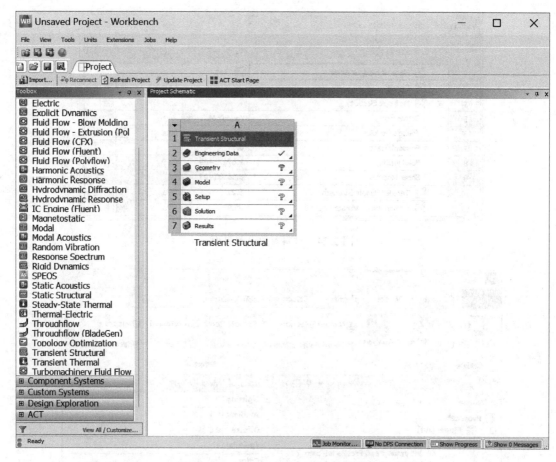

图 3.22 "Transient Structural" 分析模块

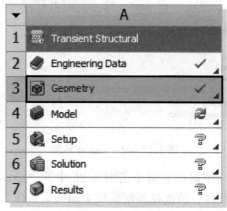

图 3.23 导入模型示意图

（2）双击"Transient Structural"分析模块中的"Model（A4）"选项，进入"Mechanical"界面，如图 3.25 所示。选择图 3.25 中最左侧分析树中的"Geometry"，设置平面的厚度，也就是预制裂纹的宽度，如图 3.26 所示，将"Thickness"设置为"1 mm"。

Properties of Outline Row 3: Shayan

	A	B	C	D	E
1	Property	Value	Unit		
2	Material Field Variables	Table			
3	Density	2600	kg m^-3		
4	Isotropic Elasticity				
5	Derive from	Young's M...			
6	Young's Modulus	19150	MPa		
7	Poisson's Ratio	0.17			
8	Bulk Modulus	9.6717E+09	Pa		
9	Shear Modulus	8.1838E+09	Pa		
10	Tensile Ultimate Strength	5.21	MPa		
11	Compressive Ultimate Strength	99.93	MPa		

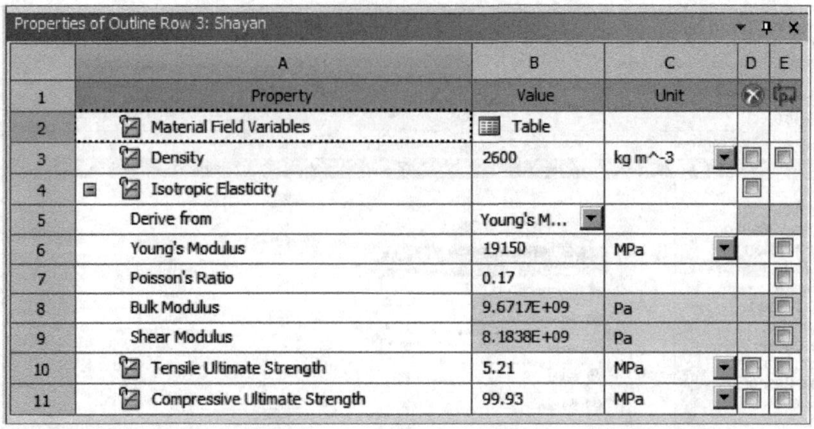

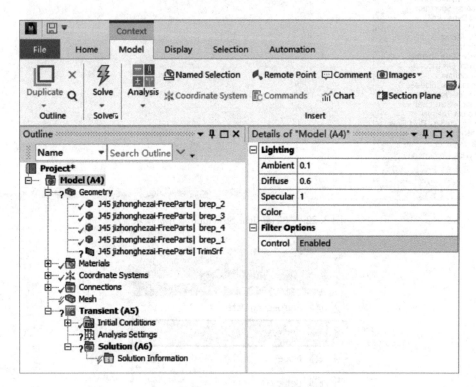

图 3.24 材料参数设置界面

图 3.25 Mechanical 界面

（3）设置参考坐标系。用鼠标右键单击图 3.26 中的“Coordinate Systems”选项，选择插入坐标系；设置坐标系时，请选择预制裂纹尖端的端点作为坐标系的原点，设置的坐标系如图 3.27 所示。

3.3.3 定义接触与约束

选择图 3.28 中的“Connections”选项，设置接触对，除顶部加载点与试样接触的接触对设置为“Frictionless”以外，其余两个接触对均设置为“Frictional”，摩擦系数设置

3.3 动态数值模拟操作详解

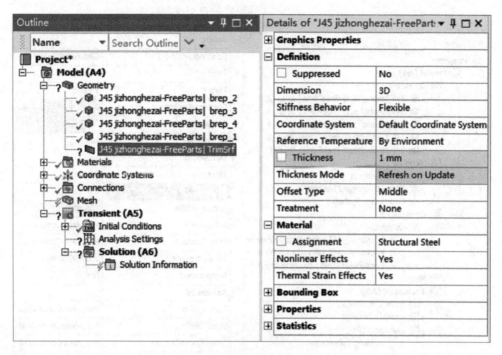

图 3.26 设置预制裂纹宽度

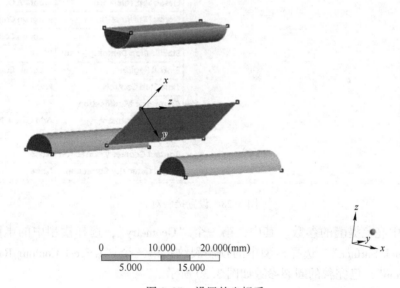

图 3.27 设置的坐标系

为"0.4"。用鼠标右键单击图 3.28 分析树中的 Transient，选择插入"Fixed Support"，选择约束半圆盘试样底部的两个半圆棒。

3.3.4 定义断裂参数

用鼠标右键单击图 3.28 所示中的"Model（A4）"选项，选择"Fracture"，再在分析树中用鼠标右键单击"Fracture"，选择"Arbitrary Crack"，如图 3.29 所示，再依次设

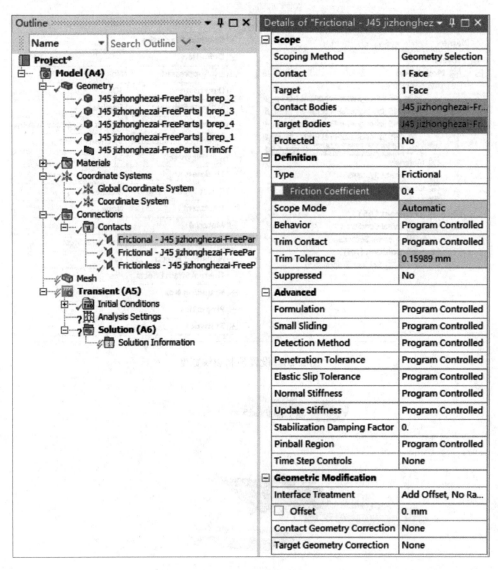

图 3.28　设置接触对

置右侧表格中亮色提醒的参数。其中，第一个"Geometry"，选择模型中的半圆盘试样；第二个"Crack Surface"，选择模型中的预制裂纹；第三个"Largest Contour Radius"，设置为"0.5 mm"。已完善的断裂参数如图 3.30 所示。

3.3.5　网格划分

用鼠标右键单击图 3.30 分析树中的"Mesh"，选择插入"Method"，设置半圆盘试样的网格划分方法为"Tetrahedrons"；再用鼠标右键单击图 3.30 分析树中的"Mesh"，选择插入"Sizing"，设置半圆盘试样的网格尺寸为"2 mm"。设置好以上参数后，再用鼠标右击图 3.30 分析树中的"Fracture"，选择"Generate All Crack Meshes"，生成的模型网格图如图 3.31 所示。

3.3 动态数值模拟操作详解

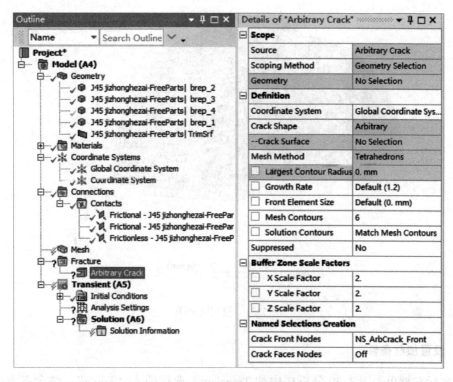

图 3.29 设置断裂参数

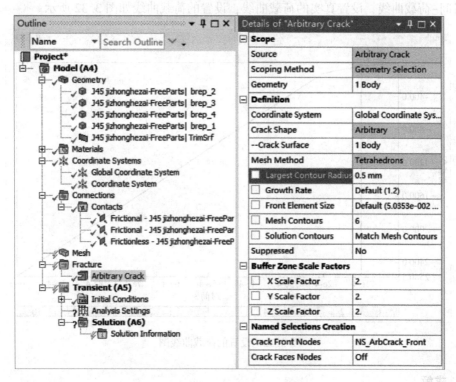

图 3.30 已完善的断裂参数

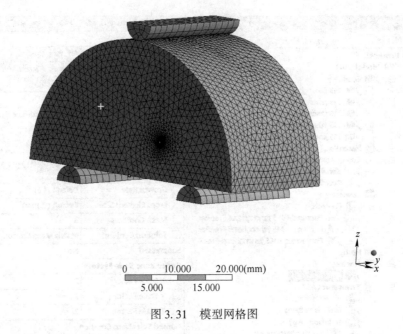

图 3.31 模型网格图

3.3.6 设置加载条件

用鼠标右键单击图 3.30 分析树中的 Transient，选择插入"Force"，结合室内试验得出的时间-荷载曲线，设置真实的荷载曲线，设置的荷载曲线如图 3.32 所示。

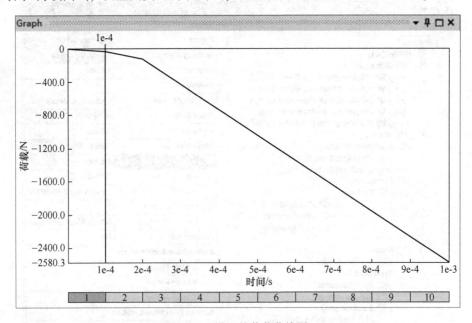

图 3.32 设置的荷载曲线图

3.3.7 求解

设置好以上 6 个步骤前处理的参数后，即可单击如图 3.33 所示的"Solve"开始计算。

3.3.8 结果查看

(1) 计算应力强度因子。用鼠标右键单击图 3.30 分析树中的 "Solution（A6）"，选择插入 "Fracture Tool"，再用鼠标右键单击 "Fracture Tool"，选择插入 "SIFS Results" 中的 "K1" 和 "K2"；最后，选择 "Solve"，应力强度因子数据如图 3.34 和图 3.35 所示；同时，需注意观察应力强度因子数据前是否含 "-"，这与拉伸与剪切的方向有关。

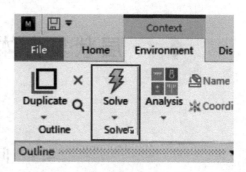

图 3.33 开始计算

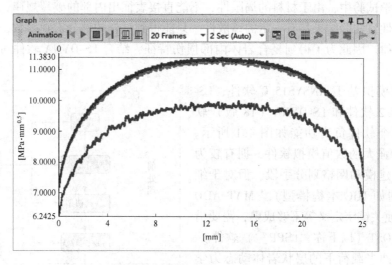

图 3.34 Ⅰ型应力强度因子数据

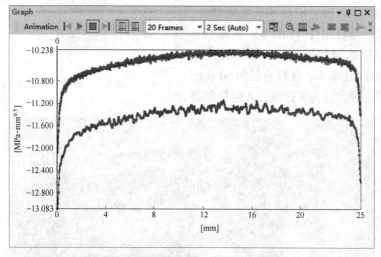

图 3.35 Ⅱ型应力强度因子数据

(2) 导出数据。用鼠标右键单击右侧分析树中的应力强度因子选项，选择 "Export"，可对数据进行处理。

4 层状复合体 SHPB 动态冲击实例

4.1 问题描述

在动力学试验中，由于材料的局限性，不能直接表征出内部的破裂规律，其对实验样品具有破坏性且实验结果具有一定的离散性。只能得到试样的部分宏观参数，不能揭示其内部演变规律。因此为了得到复合岩体内部损伤特征，结合 LS-DYNA 软件对 SHPB 试验开展模拟。

本实例模拟基于 ANSYS15.0 软件、LS-PREPOST14.2 软件和 LS-DYNA（18 版）软件开展，各个软件负责功能如图 4.1 所示。ANSYS 作为强大的数值模拟软件，拥有较为高效便捷的建模和网格划分手段，但对于细观参数（例如 HJC 本构模型），*MAT ADD EOISON 侵蚀关键字定义等不够成熟，需要借助 LS-PREPOST（以下称"LSPP"）软件。

本实例冲击载荷下的层状岩体动态力学特性及破裂机理研究内容为：将软岩类代表煤岩和硬岩类代表白砂岩借助环氧树脂黏合，利用分离式霍普金森压杆（SHPB）实施不同方向、不同速率的加载试验，其中 SHPB 试验测试系统如图 4.2 所示，压杆直径为 50 mm，子弹为纺锤形，冲击波为正弦波，入射杆和透

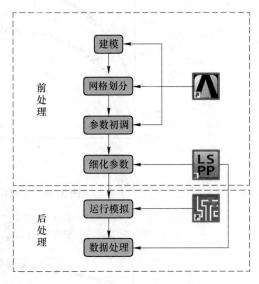

图 4.1 各软件功能示意图

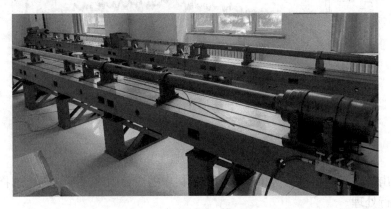

图 4.2 SHPB 试验测试系统

射杆长度为2.5 m，材质为合金钢，密度为7.8×10³ kg/m³，弹性模量为240 GPa，纵波波速为5200 m/s。

需要说明的是，本实例模拟采用HJC本构模型细化煤岩和白砂岩的相关参数。HJC全称为Johnson-Homquist-Cook本构模型，被广泛应用于考虑损伤情况下的大应变率加载情况，在动力冲击领域应用较为广泛。如图4.3所示，HJC本构模型可利用三项多项式状态方程来描述煤岩压力p与体积应变μ的关系，分别是弹性相（OA段）、塑性相（AB段）和材料的致密压实相（BC段），可充分表征加载过程中的裂隙发育细观机制。

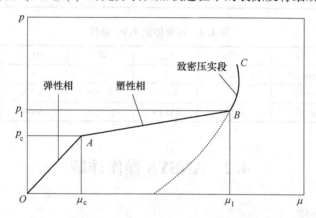

图4.3　HJC本构模型状态方程

第一阶段，静水压力和体积应变呈线性关系（$p<p_c$，p_c为弹性极限时的静水压）：

$$p = K_e \mu \tag{4.1}$$

式中，p为静水压力；K_e为体积模量；μ为体积应变。

第二阶段是材料压实时的塑性相（$p_c \leqslant p \leqslant p_1$），加载段和卸载段方程分别为：

$$p = p_1 + \frac{(p_1 - p_c)(\mu - \mu_c)}{\mu_1 - \mu_c} \tag{4.2}$$

$$p - p_{max} = [(1-F)K_e + FK_1](\mu - \mu_{max}) \tag{4.3}$$

$$F = \frac{\mu_{max} - \mu_c}{\mu_1 - \mu_c} \tag{4.4}$$

式中，p_1和μ_1分别为压实应力和应变；p_{max}和μ_{max}分别为卸载前的最大体积压力和应变；K_1为塑性体积模量；F为卸载比例系数。

此阶段试样被逐渐压密，开始出现裂缝。

第三阶段是致密压实相（$p_1 \leqslant p$），加载段和卸载段方程分别为：

$$p = k_1 \bar{\mu} + k_2 \bar{\mu}^2 + k_3 \bar{\mu}^3 \tag{4.5}$$

$$\bar{\mu} = \frac{\mu - \mu_1}{1 + \mu_1} \tag{4.6}$$

$$p - p_{max} = K_1(\mu - \mu_{max}) \tag{4.7}$$

式中，k_1、k_2、k_3为压力常数；$\bar{\mu}$为修正的体积应变。

此阶段试样已经被完全致密压实。

在 LS-DYNA 软件里，HJC 模型共有 21 个参数，结合标准样测量得到的参数与文献中相接近的模型参数，我们选定了煤单体和白砂岩的材料参数，见表 4.1 和表 4.2。

表 4.1　白砂岩的 HJC 参数

$\rho_0/(\mathrm{kg}\cdot\mathrm{m}^{-3})$	G/Pa	f_c/Pa	$S_{\max}$	D_1	D_2	$\varepsilon_{\mathrm{fmin}}$	f_s
2401	4.81×10^8	4.51×10^7	7	0.04	1	0.01	0.01
T/Pa	p_c/Pa	μ_c	k_1/Pa	k_2/Pa	k_3/Pa	$\dot\varepsilon_0$	
4×10^6	1.6×10^7	0.001	8.5×10^{10}	-1.7×10^{11}	2.08×10^{11}	60	

表 4.2　煤单体的 HJC 参数

$\rho_0/(\mathrm{kg}\cdot\mathrm{m}^{-3})$	G/Pa	f_c/Pa	$S_{\max}$	D_1	D_2	$\varepsilon_{\mathrm{fmin}}$	f_s
1460	1.45×10^9	1.43×10^7	7	0.027	1	0.01	0.04
T/Pa	p_c/Pa	μ_c	k_1/Pa	k_2/Pa	k_3/Pa	$\dot\varepsilon_0$	
1.86×10^6	3×10^7	0.12	8.5×10^{10}	-1.7×10^{11}	2.08×10^{11}	60	

4.2　ANSYS 操作详解

4.2.1　创建物理环境

（1）启动 ANSYS 程序。在"开始"菜单中依次选取"ANSYS15.0"→"Mechanical APDL Product Launcher"得到"15.0：ANSYS Mechanical APDL Product Launcher"对话框。选择"File Management"，在"Simulation Environment"下拉框中选择"ANSYS"，"License"下拉框中选择"ANSYS Multiphysics"，在"Add-on Modules"框中选择"LS-DYNA (-DYN)"，在"Working Directory"栏中输入工作目录"C \ Users \ ansys \ 2021.11.25"，在"Job Name"栏中输入文件名"SHPB"。然后，单击"RUN"进入 ANSYS17.1 的 GUI 操作界面，如图 4.4 所示。

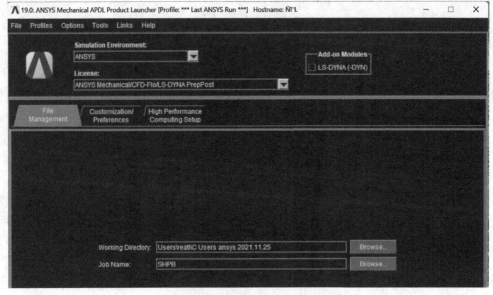

图 4.4　启动 ANSYS 程序

（2）设置 GUI 菜单过滤。在"Main Menu"菜单中选取"Preferences"选项，打开菜单过滤设置对话框，如图 4.5 所示。选中"LS-DYNA Explicit"复选框，然后单击"OK"按钮。

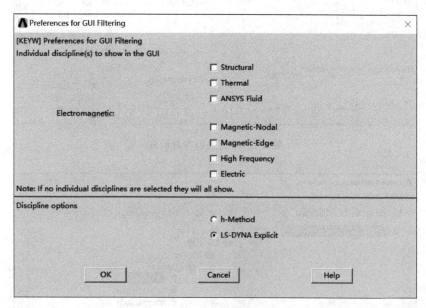

图 4.5　菜单过滤设置对话框

（3）设置单元类型和选项。在"Main Menu"菜单中选取"Preprocessor→Element Type→Add→Edit→Delete"，弹出如图 4.6 所示的"Element Type"对话框。单击"Add..."按钮，在弹出的"Library of Element Type"对话框中分别选择"LS-DYNA Explicit"和"3D Solid 164"，单击"Apply"按钮，如图 4.7 所示。

（4）定义材料属性：

1）在"Main Menu"菜单中选取"Preprocessor→Material Props→Material Models"菜单项，打开定义材料本构模型对话框，如图 4.8 所示。在"Material Models Available"分组框中依次选取"LS-DYNA→Linear→Elastic→Isotropic"选项，弹出线弹性材料模型对话框，如图 4.9 所示；按照提示输入密度、弹性模量和泊松比，这里输入压杆和弹头的参数，其密度为 7800 kg/m³，弹性模量为 240 GPa，泊松比为 0.3。

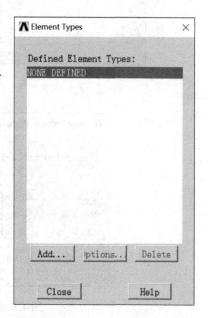

图 4.6　"Element Type"对话框

2）在定义材料本构模型对话框的"Material"下拉菜单中选取"New Model"选项，打开定义材料编号对话框，如图 4.10 所示，接受缺省编号："2"，然后单击"OK"按钮。继续在"Material Models Available"分组框中依次选取"LS-DYNA→Linear→Elastic→Isotropic"选项，弹出线弹性材料模型对话框，按照提示

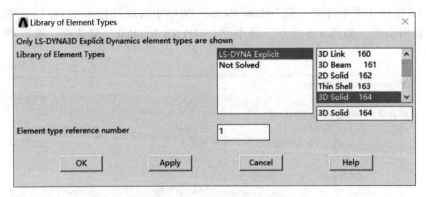

图 4.7　单元类型库对话框

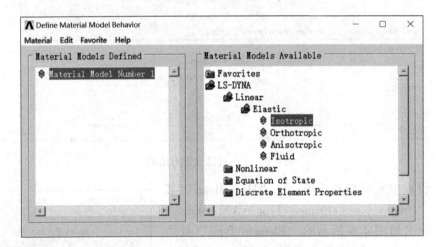

图 4.8　定义材料本构模型对话框

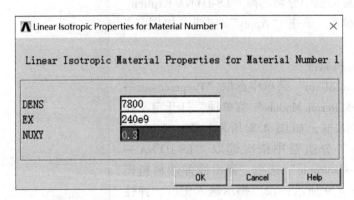

图 4.9　定义压杆和弹头的参数输入框

输入密度、弹性模量和泊松比。这里与材料 1 一致，然后单击"OK"按钮，同理定义材料 3，接受缺省编号："3"，如图 4.11 所示。接着，继续在定义材料本构模型对话框的"Material"下拉菜单中选取"New Model"选项，打开定义材料编号对话框，接受缺省编号："4"，然后单击"OK"按钮。继续在"Material Models Available"分组框中依次选取"LS-DYNA→Equation of State→Grunesen→Johnson-Cook"选项，如图 4.12 所示。

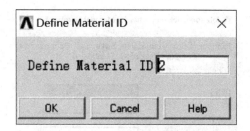

图 4.10 定义材料编号对话框

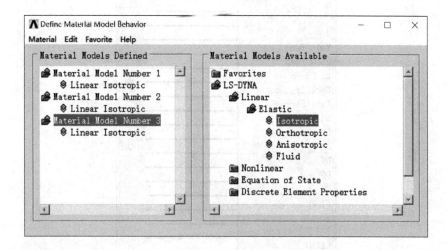

图 4.11 定义材料 3 模型

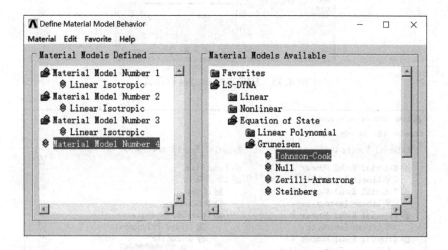

图 4.12 定义 HJC 本构模型

需要说明的是，ANSYS 里内置的 HJC 本构模型与常用的岩石 HJC 本构模型不符，这里定义的模型仅仅是为了划分网格和 PART 做准备，因此在材料模型对话框里只填写"DENS"为"1"，单击"OK"按钮，如图 4.13 所示。同理定义 HJC 本构模型材料 5，接受"缺省编号：5"，如图 4.14 所示。

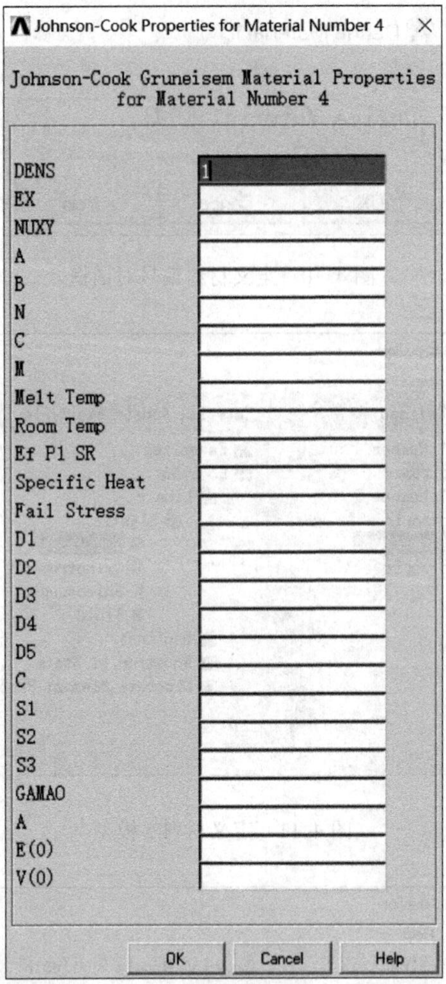

图 4.13　HJC 本构模型参数设置

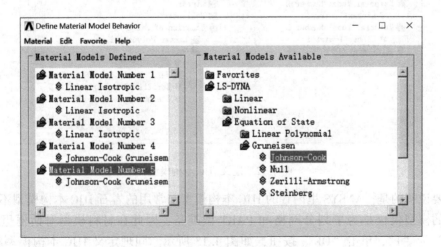

图 4.14　定义所有模型参数

4.2.2 建立模型

本实例中,模型共由五部分组成,由前至后分别为:弹头、入射杆、试样1、试样2、透射杆。其中弹头尺寸如图 4.15 所示,压杆长为 2.5 m,试样1、试样2 长为 25 mm,压杆与试样的宽都为 50 mm。

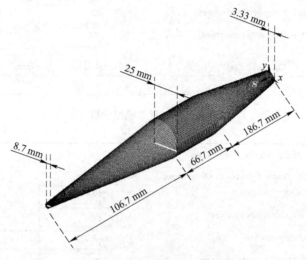

图 4.15 弹头模型尺寸

(1) 在"Main Menu"菜单中依次选取"Preprocessor→Modeling→Create→Volumes→Cylinder→By Dimensions"选项,弹出绘制圆柱的参数对话框。按照压杆和试样的参数输入数值。为了简化模型和计算采取四分之一模型建模,压杆和试样建模完成后单击"Apply"按钮。透射杆、试样2、试样1、入射杆的参数分别如图 4.16~图 4.19 所示。

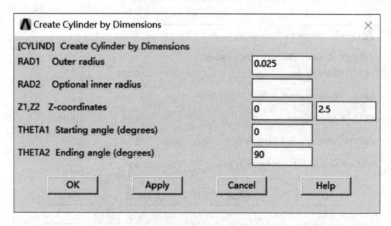

图 4.16 透射杆模型参数

(2) 在"Main Menu"菜单中依次选取"Preprocessor→Modeling→Create→Volumes→Cone→By Dimensions"选项,弹出绘制圆锥的参数对话框;按照弹头的参数输入数值,建模完成后单击"Apply"按钮,其参数分别如图 4.20~图 4.22 所示。

(3) 最终创建的体图形如图 4.23 所示。

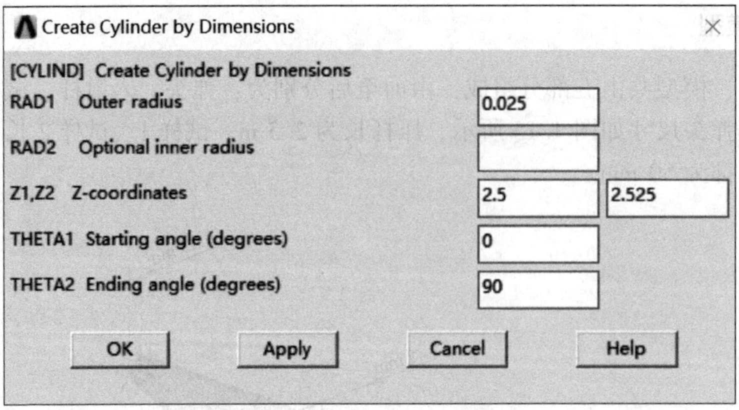

图 4.17 试样 2 模型参数

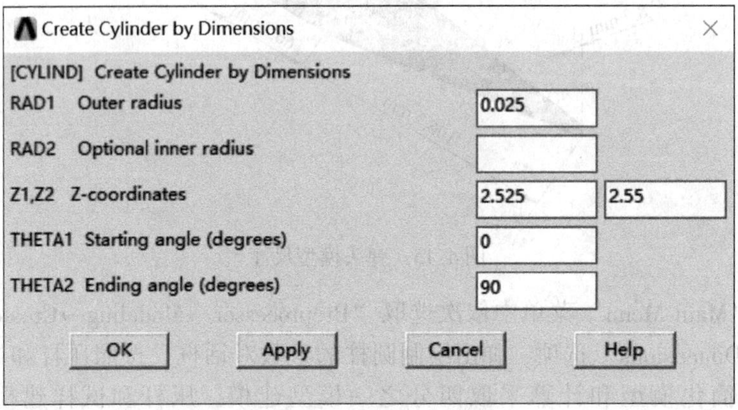

图 4.18 试样 1 模型参数

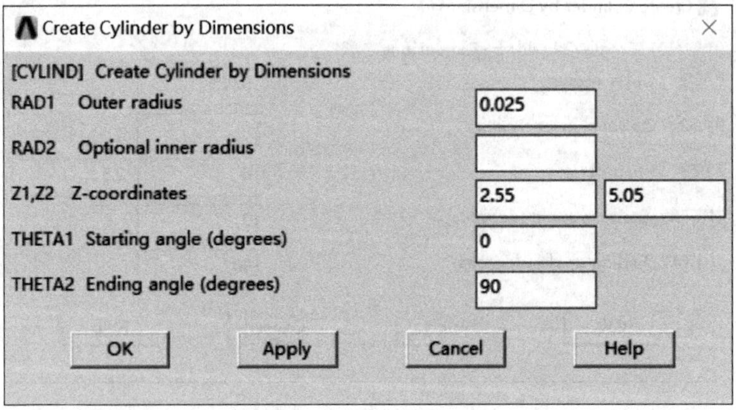

图 4.19 入射杆模型参数

4.2.3 划分网格

（1）在"Main Menu"菜单中依次选取"Preprocessor→Meshing→MeshTool"，弹出网

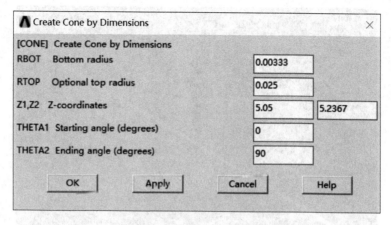

图 4.20 弹头 1 模型参数

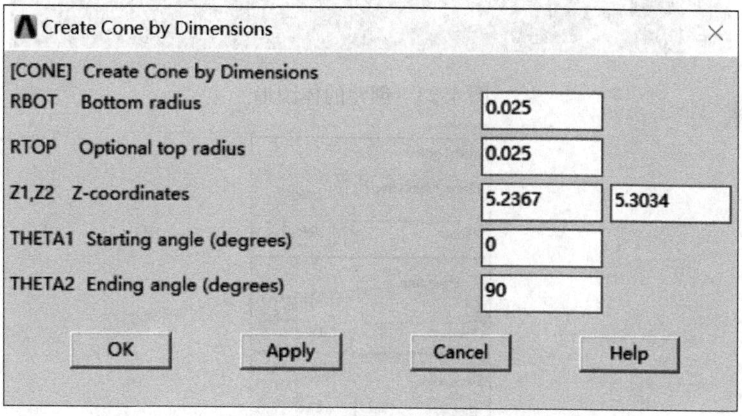

图 4.21 弹头 2 模型参数

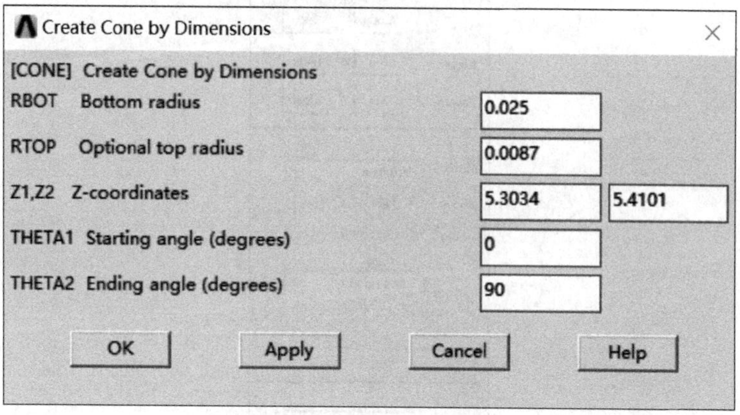

图 4.22 弹头 3 模型参数

格划分功能对话框,如图 4.24 所示。依次选取"Size Controls"下面"Lines"中的"Set",弹出以线来控制单元尺寸选取对话框,选取要分割的线,然后单击"Apply"按钮,打开单元尺寸对话框,如图 4.25 所示。

4 层状复合体 SHPB 动态冲击实例

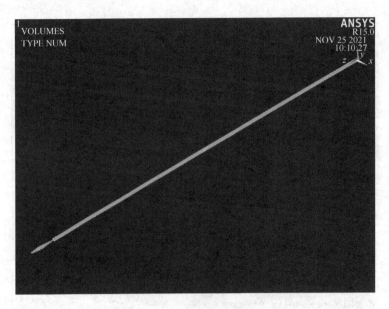

图 4.23 创建的体图形

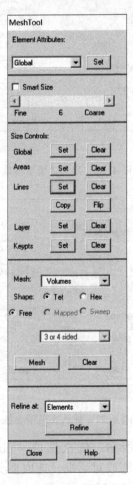

图 4.24 网格划分功能对话框

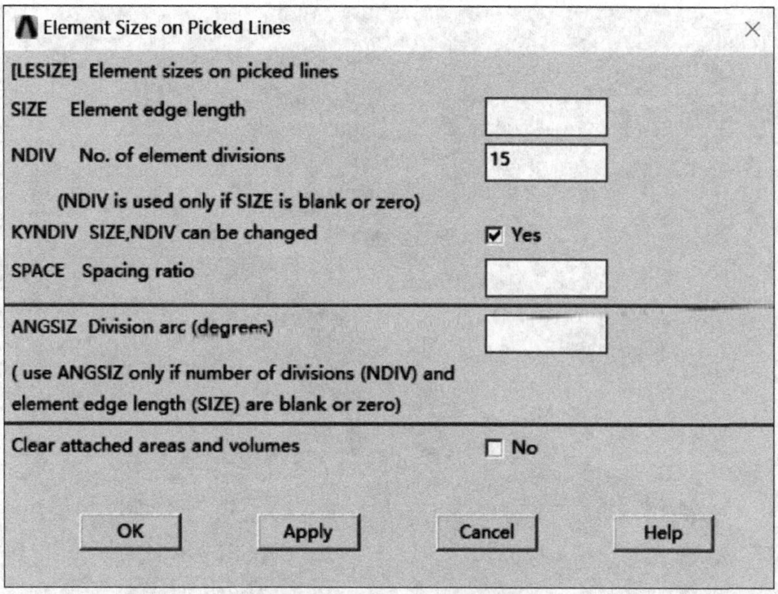

图 4.25 单元尺寸对话框

在单元分割等分文本框中输入相应的等分数,然后再单击"Apply"按钮,直到所有的线都被分割完为止,最后单击"OK"按钮。将弹头三部分从左至右轴向划分为 11、7、19 等份,径向划分为 15 等份;压杆轴向划分为 250 等份,径向划分为 15 等份;试样 1、2 的轴向和径向都划分为 30 等份,具体划分过程如图 4.26~图 4.31 所示。

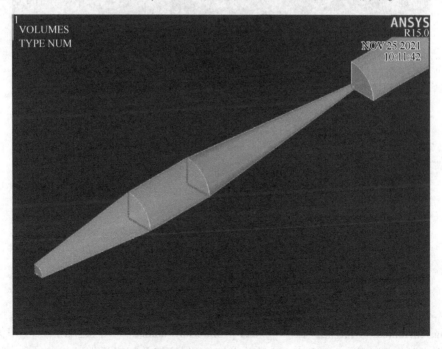

图 4.26 线分控制单元大小图 (1)

(2) 依次选取"Preprocessor→Meshing→Mesh Tool→Element Attributes→Set",弹出

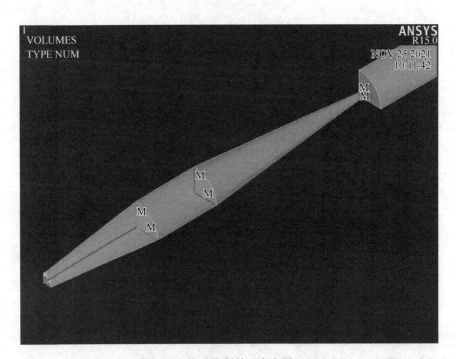

图 4.27 线分控制单元大小图 (2)

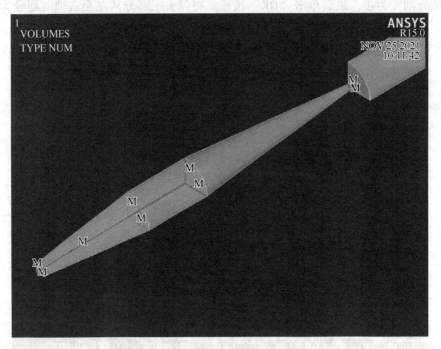

图 4.28 线分控制单元大小图 (3)

"Meshing Attributes"对话框,在"[MAT] Material number"一栏选取"1"(单元类型、材料和实常数),如图 4.32 所示,然后单击"OK"按钮关闭对话框。

(3) 用拾取箭头拾取起弹头的三个部分,然后单击"Apply"按钮,如图 4.33 所示,

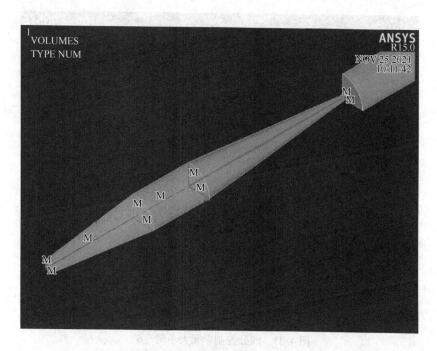

图 4.29 线分控制单元大小图 (4)

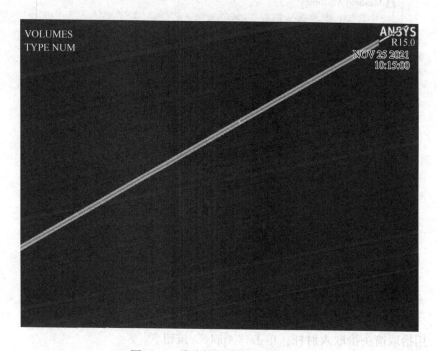

图 4.30 线分控制单元大小图 (5)

得到的弹头网格划分如图 4.34 所示。

(4) 依次选取 "Preprocessor→Meshing→Mesh Tool→Element Attributes→Set",弹出 "Meshing Attributes" 对话框,在 "Material number" 一栏选取 "2"(单元类型、材料和

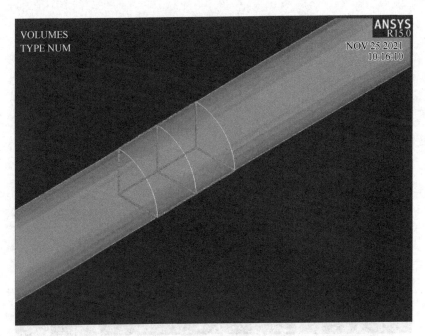

图 4.31　线分控制单元大小图（6）

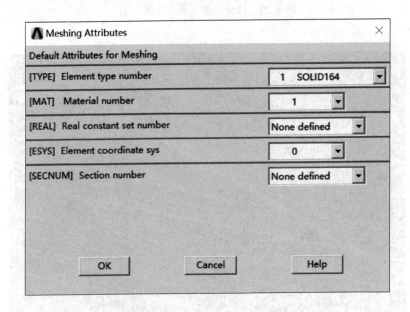

图 4.32　地层单元属性设置对话框（1）

实常数），如图 4.35 所示，然后单击"OK"按钮。

（5）用拾取箭头拾取入射杆，单击"Apply"按钮。

（6）重复以上（4）（5）步骤，将属性"3"设置至试样1，属性"4"设置至试样2，属性"5"设置至透射杆，并分别进行网格划分，最终得到 SHPB 试验装置网格划分图，如图 4.36 所示。

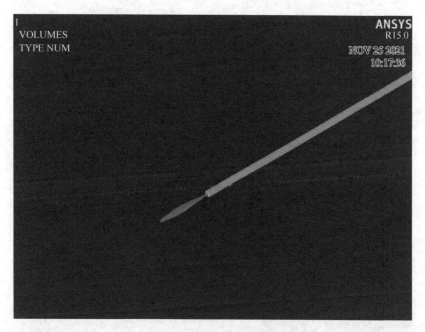

图 4.33 弹头网格划分拾取示意图

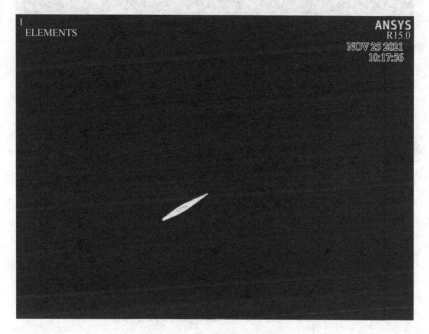

图 4.34 弹头网格划分图

4.2.4 创建 Part

在"Main Menu"菜单中依次选取"Preprocessor→LS-DYNA Options→Parts Options",弹出"Parts Data Written for LS-DYNA"对话框,如图 4.37 所示。选择"Create all parts",单击"OK"按钮,可将 SHPB 试验装置划分为弹头、入射杆、试样 1、试样 2、透射杆 5 个"Parts",如图 4.38 所示。

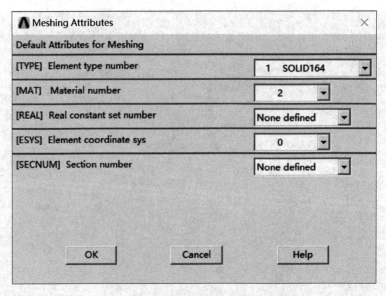

图 4.35 地层单元属性设置对话框（2）

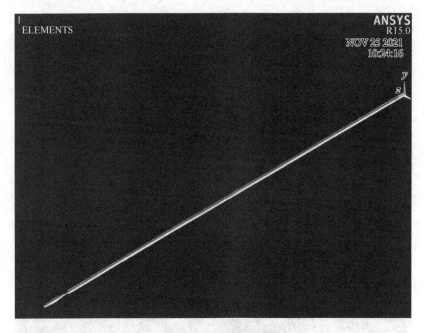

图 4.36 SHPB 试验装置网格划分图

4.2.5 定义接触与约束

（1）在"Main Menu"菜单中依次选取"Preprocessor→LS-DYNA Options→Contact→Define Contact"，弹出接触控制对话框，在"Contact Type"一栏分别选取"Surface to Surf"和"Automatic（ASTS）"，设置为自动面对面接触，如图 4.39 所示。在弹出的接触定义对话框里由上至下分别设置为"1"和"2"，如图 4.40 所示。后续接触设置在 LSPP 软件中进行。

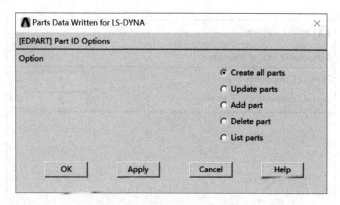

图 4.37 “Parts Data Written for LS-DYNA” 对话框

The PART list has been created.

LIST ALL SELECTED PARTS.

PARTS FOR ANSYS LS-DYNA

USED: used in number of selected elements

PART	MAT	TYPE	REAL	USED
1	1	1	1	7104
2	2	1	1	48000
3	3	1	1	10125
4	4	1	1	20250
5	5	1	1	20250

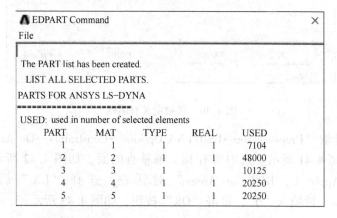

图 4.38 “Parts” 设置示意图

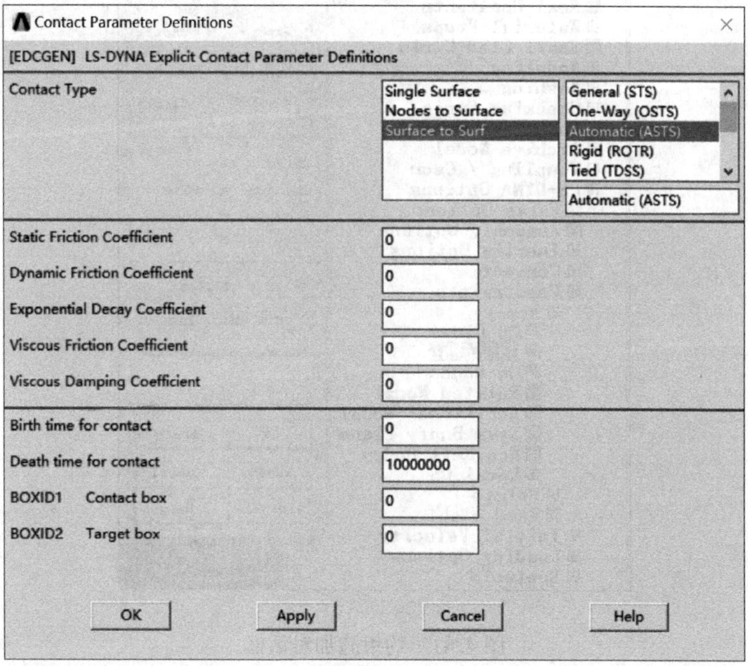

图 4.39 接触控制对话框

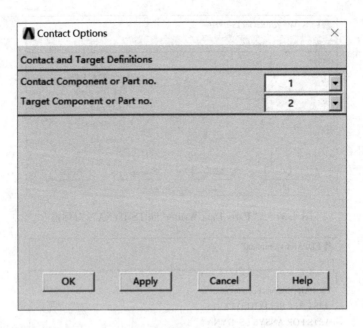

图 4.40　接触定义对话框

（2）依次选取"Preprocessor→LS-DYNA Options→Constraints→On Areas",弹出约束施加对话框,如图 4.41 所示。选中所有和 x 轴垂直的面,如图 4.42 所示,单击"OK"按钮;弹出"Apply U,ROT on Areas"对话框,选择"UX"后,在"VALUE Displacement value"栏填入"0",单击"OK"按钮,如图 4.43 所示。

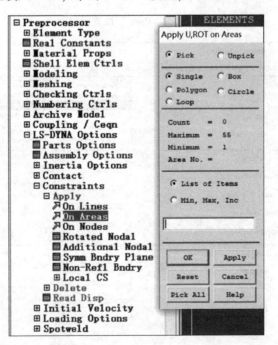

图 4.41　约束施加对话框

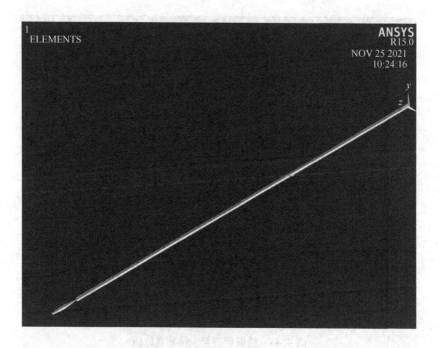

图 4.42 拾取所有与 x 轴垂直的面

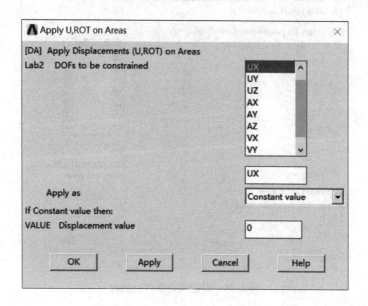

图 4.43 设定约束条件对话框

（3）依次选取"Preprocessor→LS-DYNA Options→Constraints→On Areas"，弹出约束施加对话框。选中所有和 y 轴垂直的面，如图 4.44 所示，单击"OK"按钮，弹出"Apply U, ROT on Areas"对话框，选择"UY"后，在"VALUE Displacement value"栏填入"0"，单击"OK"按钮，如图 4.45 所示。

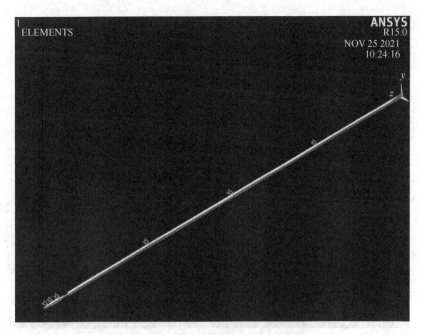

图 4.44　拾取所有与 y 轴垂直的面

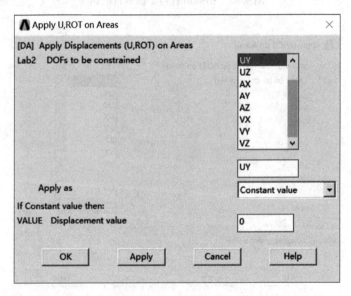

图 4.45　设定约束条件对话框

4.2.6　设定加载参数

（1）设置子弹初速度。在"Main Menu"菜单中依次选取"Preprocessor→LS-DYNA Options→Initial Velocity→On Parts→w→Axial Rotate"，弹出"Generate Velocity"对话框，设置"VZ"参数为"-6"，如图 4.46 所示。此时，即给弹头设置一个方向为负、速度为 6 m/s 的初速度，这里要注意正方向的选取。

（2）设置沙漏。依次选取"Solution→Analysis Options→Energy Options"，弹出

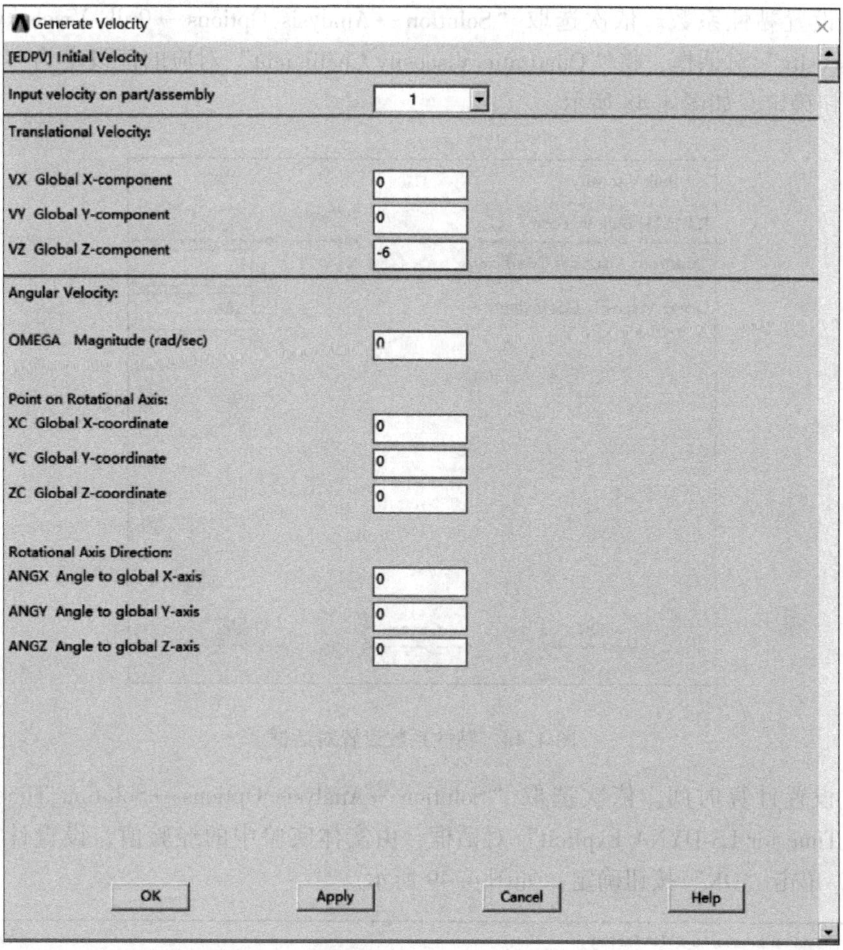

图 4.46 初速度设定

"Energy Options"对话框,将 4 个选项全部设置为"On",单击"OK"按钮确定,如图 4.47 所示。

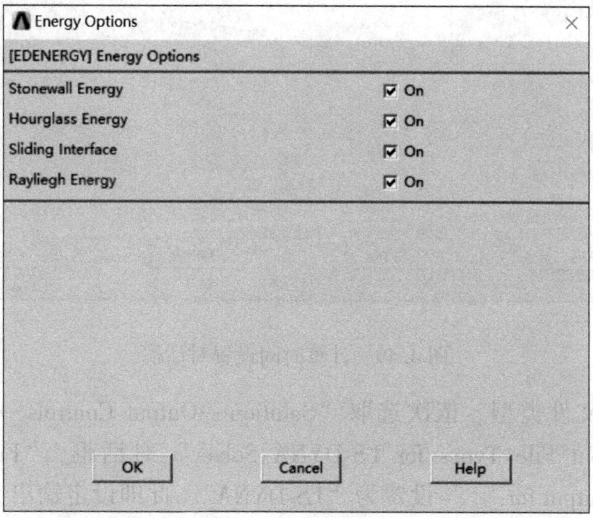

图 4.47 沙漏设置对话框

（3）设置黏性系数。依次选取"Solution→Analysis Options→Bulk Viscosity"，弹出"Bulk Viscosity"对话框，将"Quadratic Viscosity Coefficient"对应的值设定为"1"，单击"OK"按钮确定，如图4.48所示。

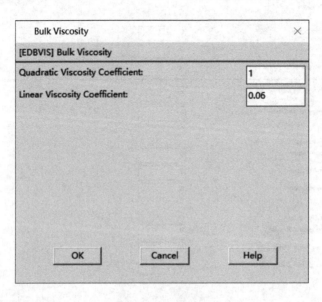

图4.48　黏性系数设置对话框

（4）设置计算时间。依次选取"Solution→Analysis Options→Solution Time"，弹出"Solution Time for LS-DYNA Explicit"对话框，由实体实验中的经验值，设置计算时间为"0.001"，单击"OK"按钮确定，如图4.49所示。

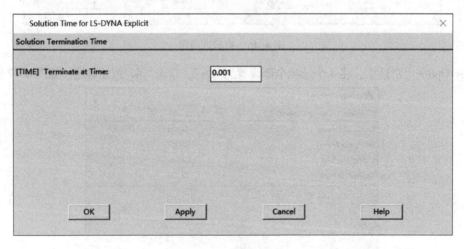

图4.49　计算时间设置对话框

（5）设置输出文件类型。依次选取"Solution→Output Controls→Output File Types"，弹出"Specify Output File Types for LS-DYNA Solver"对话框，"File options"设置为"Add"，"Produce output for..."设置为"LS-DYNA"，此即设定输出LS-DYNA文件类型，单击"OK"按钮确定，如图4.50所示。

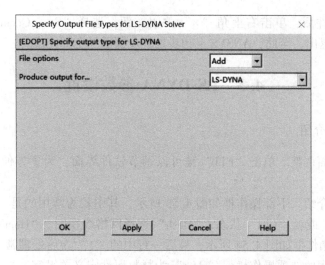

图 4.50　设置输出文件类型对话框

（6）设置文件输出频率。依次选取"Solution→Output Controls→File Output Freq→Time Step Size"，弹出"Specify File Output Frequency"对话框，在"EDRST"和"EDHTIME"中设置均为"1e-6"，单击"OK"按钮后会出现报错框，单击"OK"按钮，如图 4.51 所示。后续设置将会在 LSPP 上进行。

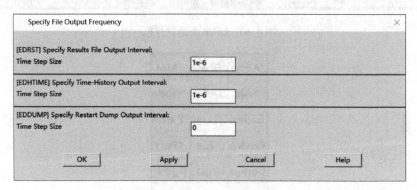

图 4.51　设置文件输出频率对话框

（7）输出 k 文件。依次单击"Solution→Write Jobname，k"，弹出"Input files to be Written for LS-DYNA"对话框，在"Write results files for…"中选择"LS-DYNA"，在"Write input files to…"输入文件名"SHPB.k"，单击"OK"按钮输出 k 文件，如图 4.52 所示。

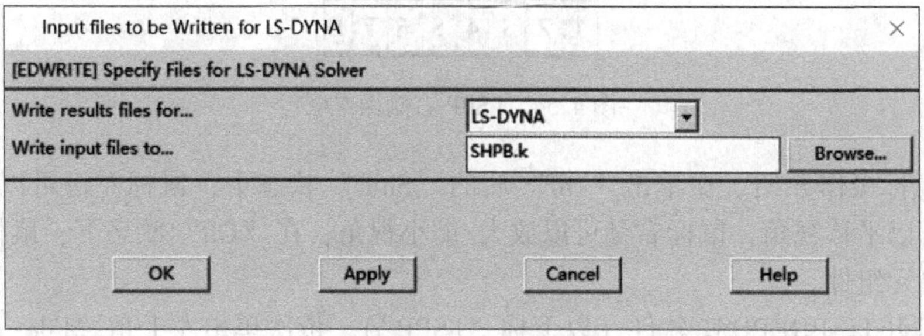

图 4.52　输出 k 文件对话框

（8）输出文件后，单击右上角"×"关闭按钮，选择"Save Geom+Loads"后单击"OK"按钮保存退出。至此，ANSYS 上初步处理步骤已经全部完成。

4.3 LS-DYNA 参数设置

4.3.1 软件初步介绍

（1）软件界面调整。单击"F11"键可以调节软件界面，为了方便操作选择经典版界面。

（2）操作框介绍。下部操作框如图 4.53 所示，其中较为常用的是"Off"，单击它可切换长按"Shift"或者"Ctrl"状态，"Mesh"选择网格线视图，"Home"选择返回原有固定视角。右侧操作框如图 4.54 所示，最后一行中的"1"为后处理常用的选项操作栏，"3"为前处理常用的选项操作栏，"*Mat"为材料属性定义关键字，"*Contact"为接触定义关键字，其余关键字在后面步骤中介绍。

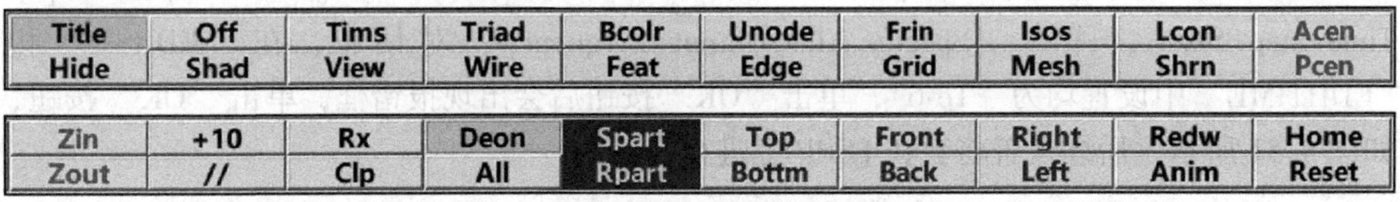

Title	Off	Tims	Triad	Bcolr	Unode	Frin	Isos	Lcon	Acen
Hide	Shad	View	Wire	Feat	Edge	Grid	Mesh	Shrn	Pcen
Zin	+10	Rx	Deon	Spart	Top	Front	Right	Redw	Home
Zout	//	Clp	All	Rpart	Bottm	Back	Left	Anim	Reset

图 4.53 LSPP 下部操作框

*Airba	*Dbase	*Mat
*Ale	*Defin	*Node
Bound	*Elem	*Param
Cnstrn	*Eos	*Part
Compr	Hrglas	Rgdw
Conta	*Initial	Sectio
Contr	Intgrtr	*Set
Def2R	*Intrfa	Termn
Dampir	*Load	*User
1	2	3	4	5	6	7	D

图 4.54 LSPP 右侧操作框

（3）鼠标操作介绍。在单击"Off"后的"Shift"状态下，鼠标左键可以旋转视角，鼠标中轴可以平移视角，鼠标右键可以放大/缩小视角；在"Off"状态下，鼠标左键可以用于选择单元组件。

（4）打开 LS-PREPOST 软件（以下称"LSPP"），依次单击左上角"File→Open→LS-DYNA Keyword File"，导入刚刚设置好的 k 文件，如图 4.55 所示。

4.3 LS-DYNA 参数设置

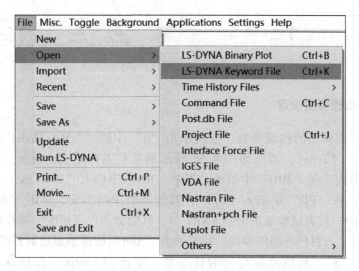

图 4.55 导入 k 文件

（5）颜色设置。在右侧操作栏"1"中单击"Color"关键字，得到颜色控制栏（见图 4.56）；可以选择颜色附加到单元上，也可在下侧控制栏里找到"Sky""Text""Ground"等，用于修改背景天空、文本颜色、背景地面等，如图 4.57 所示。

图 4.56 右侧颜色控制栏

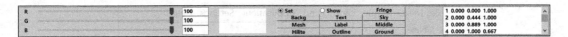

图 4.57 下侧颜色控制栏

4.3.2 模型的物理参数设定

（1）压杆设定模型的物理参数。依次单击"3"中的"*Mat/Model"下拉框"All/Name"的下拉框"Type"，得到如图 4.58 所示的所有本构模型。选择"001-ELASTIC"设定压杆物理参数，在"MID"中填入"2"；"RO"中填入"7800.00"；在"E"中填入"2.40+E9"；在"PR"中填入"0.3"，其他参数保持不变，单击"Accept"按钮保存。其中，"MID"代表试验系统中的 PART 号，其余分别代表密度、弹性模量、泊松比，此时我们设置好了入射杆的物理参数。接着单击"Add"按钮添加透射杆的物理参数，将"MID"设置为"3"，其他参数与入射杆一致，单击"Accept"按钮保存后，再单击"Down"按钮关闭窗口，如图 4.59 所示。

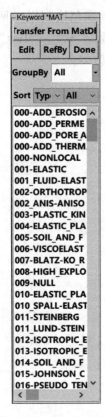

图 4.58 本构模型列表

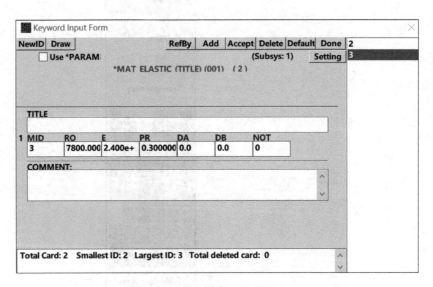

图 4.59 压杆物理参数设定

（2）弹头设定模型的物理参数。在图 4.58 所示的本构模型列表中双击"020-RIGID"，输入弹头的物理模型参数，和压杆一致，将其设定为刚体，单击"Accept"按钮接受后，再单击"Down"关闭窗口，如图 4.60 所示。

（3）试样设定模型的物理参数。在图 4.58 所示的本构模型列表中双击"111-

4.3 LS-DYNA 参数设置

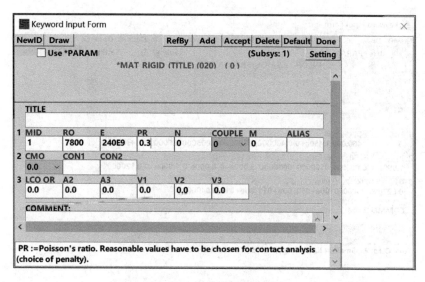

图 4.60 弹头物理参数设定

JOHNSON_HOLMQUIST_CONCRETE",即 HJC 本构模型,按研究背景中所述的白砂岩和煤岩参数输入,并将其"MID"分别赋予"4"和"5",单击"Accept"按钮接受后,再单击"Down"关闭窗口,如图 4.61 和图 4.62 所示。

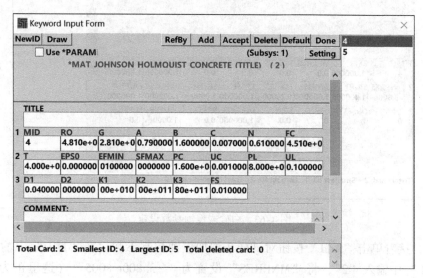

图 4.61 白砂岩的物理参数设定

(4)设定试样侵蚀关键字参数。在图 4.58 所示的本构模型列表中双击"000-ADD_EROSION",此关键字第二行为侵蚀控制参数,在"MID"中输入"4",在"EXCL"中输入"1",这个参数代表在第二行与其相同的参数不被考虑。考虑到参考文献中研究表明,采用主应力和主应变联合控制的侵蚀参数可以达到较好的效果,将"MNPRES"设置为"-3.800e+006"(这里正为压应力、负为拉应力),将"MXEPS"参数设置为"0.2",其余第二行参数都设置为"1",如图 4.63 所示。侵蚀参数的选定源自预先试验加载过程中,根据实际情况和模拟破裂情况的比对而选定,此处略去此过程。单击"Accept

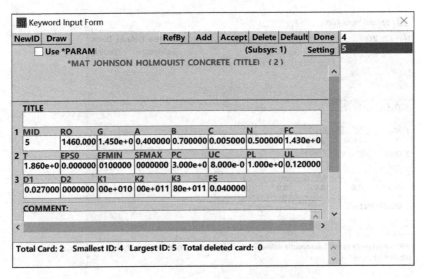

图 4.62 煤岩的物理参数设定

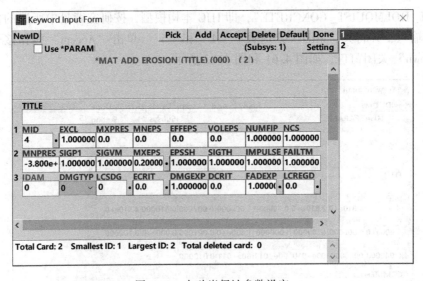

图 4.63 白砂岩侵蚀参数设定

按钮接受，接着单击"Add"按钮对试样 2 添加侵蚀控制参数。在"MID"中输入"5"，在"EXCL"中输入"2"，将"MNPRES"设置为"−3.800e+005"（这里正为压应力、负为拉应力），将"MXEPS"参数设置为"0.15"，其余第二行参数都设置为"1"，如图 4.64 所示，单击"Accept"按钮接受后再单击"Down"关闭窗口。

需要注意的是，此过程应是在不断试验的过程中确定，这里为了方便统一设定故提前设定，在模拟过程中需要根据实际情况慢慢调整以确定侵蚀参数。至此，试验模型的所有物理参数设定完毕。

4.3.3 设定无反射边界

（1）单击右上角"5"中的"SetD"，出现如图 4.65 所示的"Set Data"对话框，可

4.3 LS-DYNA 参数设置

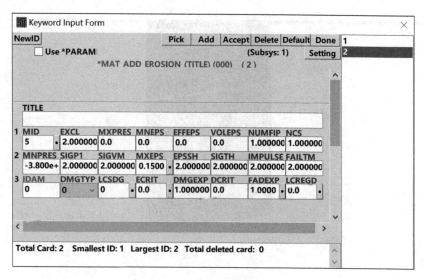

图 4.64 煤岩侵蚀参数设定

单击"*SET_NODE"下拉框选择需要切换的设定选项。单击"Create",在"Off"状态下单击下侧框中的"Area",选定透射杆最底面上的所有节点,如图 4.66 所示,单击右侧框的"Apply"按钮确定。

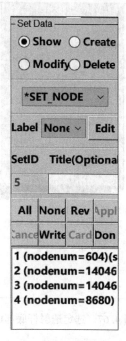

图 4.65 "Set Data"对话框

(2) 单击"*SET_NODE"下拉框选择"*SET_SEGM",单击"Create",在"Off"状态下单击下侧框中的"Area",选定透射杆最底面上的所有面,如图 4.67 所示,单击右侧框的"Apply"按钮确定。

(3) 依次单击右侧"3"中的"*Boundary→All→NON_REFLECTING→Edit",在弹

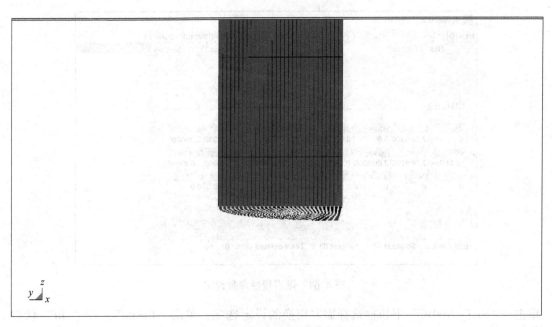

图 4.66 选定透射杆底部节点

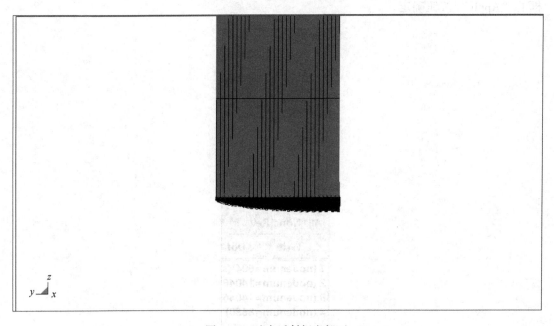

图 4.67 选定透射杆底部面

出框中单击"SSID"右侧的小点,选择"1",如图 4.68 所示,单击上侧的"Apply"按钮确定,即设定了透射杆的无反射边界。

(4)依次单击右侧"3"中的"*Boundary→All→SPC_SET→Edit",在弹出框中单击"Add",单击"NSID"右侧圆点选择"5",单击"DOFZ"下拉框设置为"1",即为开启透射杆底部固定 z 方向的位移约束,如图 4.69 所示,单击上侧的"Apply"按钮确定,即可模拟缓冲杆的作用,控制透射杆吸收所有传递的能量。至此,针对透射杆无反射边界

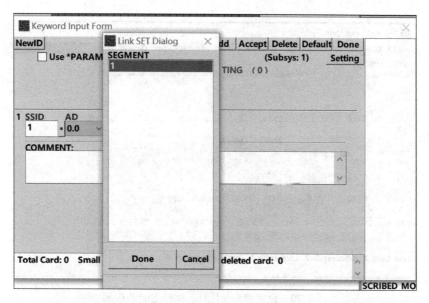

图 4.68　设定透射杆无反射边界

的设定便已全部完成。

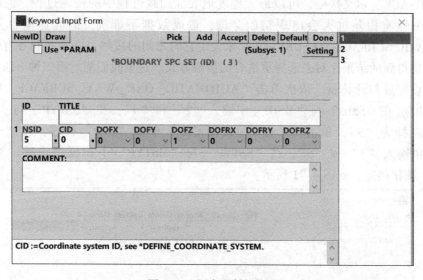

图 4.69　固定透射杆位移

4.3.4　设定模型接触

（1）依次单击右侧"3"中右上角的"*Contact→All→AUTOMATIC SURFACE TO SURFACE"，我们将弹头和压杆之间、试样 1 与试样 2 之间设定为自动面对面接触，以模拟真实情况。在"SSID"与"MSID"中输入"1"和"2"，在"SSTYP"与"MSTYP"下拉框都选择"3"，如图 4.70 所示，单击"Accept"按钮确定。单击"Add"按钮，在"SSID"与"MSID"中输入"4"和"5"，在"SSTYP"与"MSTYP"下拉框都选择"3"，单击"Accept"按钮确定。

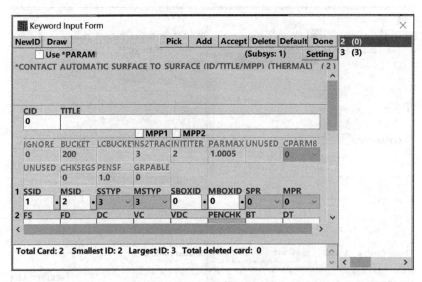

图 4.70 设定弹头与压杆、试样之间的接触

（2）针对试样与压杆之间的接触，一般的单层岩石件需选择"ERODING_SURFACE_TO_SURFACE"定义接触，可以最大程度地表征加载过程中的侵蚀过程，但缺点是如果材料之间性质相差过大会出现初始穿透，造成数据不准确，因此这里也可以使用"AUTOMATIC SURFACE TO SURFACE"来设定它们之间的接触，两者之间各有优劣，需要通过各自得到的结果比对去选择更适合的接触方式。这里我们演示第二种方法，可以减少参数的设定量与计算量。依次单击"AUTOMATIC_ONE_WAY_SURFACE_TO_SURFACE/Edit"，在"SSID"与"MSID"中输入"2"和"4"，在"SSTYP"与"MSTYP"下拉框都选择为"3"，单击"Accept"按钮确定。单击"Add"按钮，在"SSID"与"MSID"中输入"3"和"5"，在"SSTYP"与"MSTYP"下拉框都选择"3"，单击"Accept"按钮确定，如图4.71所示。

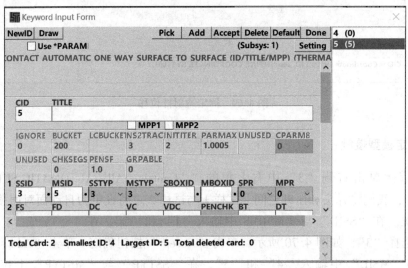

图 4.71 设定压杆与试样之间的接触

4.3 LS-DYNA 参数设置

（3）至此，设定了所有的接触，需要删除多余的接触。单击"*Contact"关键字框里的"*AUTOMATIC_ GENERAL"，单击"Delete"按钮删除此接触，并单击"Done"按钮确定。

（4）设定接触参数。依次单击右侧"5"中右上角的"*Control→All→CONTACT"，将"SLSFAC"参数设定为"1.2"，单击"Accept"按钮确定，如图4.72所示。这里是使用惩罚函数算法减少沙漏效应，并将接触刚度惩罚函数因子（f）值设置为1.2。

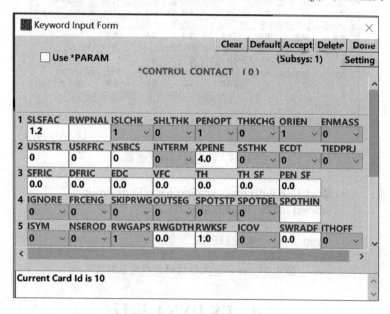

图 4.72　设定接触参数

4.3.5　设定其他参数

（1）取消原有 ANSYS 针对试样参数设定的影响。依次单击右侧"3"中的"Eos→*GRUNEISEN→Edit"，单击"Delete"按钮删除此接触，并单击"Done"按钮确定，同样切换至"5"也进行删除。这是由于在 ANSYS 中选定本构模型时，自动生成的其他因素干扰，因此需要手动删除。

（2）取消原有 ANSYS 针对 PART 设定的影响。依次单击右侧"3"中的"Part→PART→Edit"，在右侧选择 PART4 和 PART5，将"EOSID"框的数字归零，单击"Accept"按钮接受，去除对"PART"设定的干扰。

（3）设定计算步长参数。依次单击右侧"3"中的"Control→TIMESTEP→Edit"，将"TSSFAC"设置为"0.5"，这个数值越小计算便越稳定，会减少出现畸变的情况；将"DT2MS"设置为"-1.3e-7"，如图4.73所示，这个数值可以减少运算时长。需要注意的是，它控制的是运算过程中的质量缩放，为了确保模型的准确性，需要确保此参数造成的质量缩放小于5%，具体查看方法为查看 LS-DYNA 运行生成的 messag 文件，查看如图4.74所示的代码，确保其小于5%。此处省略了测试的过程。

（4）保存修改后的 k 文件，单击"CTEL+S"保存，可覆盖原文件。

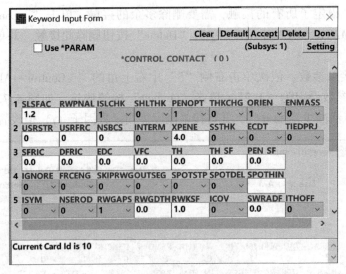

图 4.73 设定时间步长参数

```
calculation with mass scaling for minimum dt
   added mass   = 8.6023E-01
   physical mass= 1.9898E+01
   ratio        = 4.3231E-02
```

图 4.74 messag 文件代码查看质量缩放

4.4 LS-DYNA 运行

LS-DYNA 主界面如图 4.75 所示，单击左上角带圈位置的小图标，出现加载对话框，

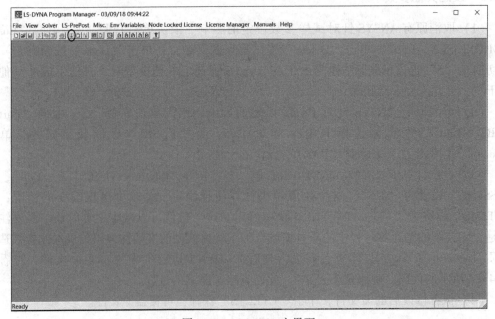

图 4.75 LS-DYNA 主界面

点击"Input File I"右侧的"Browse"按钮键入刚刚的 k 文件；单击"Output Print File O"右侧的"Browse"按钮键入输出加载数据的文件；单击"NCPU"选择"8"核加载，这里因计算机而异，如图 4.76 所示。单击"RUN"按钮开始运行。

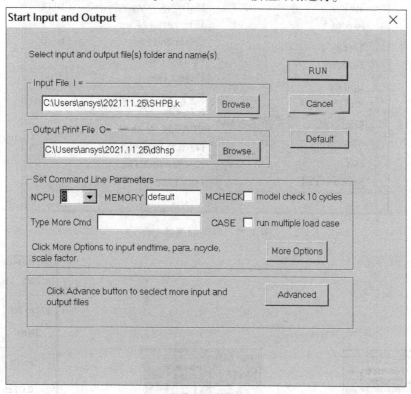

图 4.76　加载设置界面

4.5　LS-PREPOST 后处理

4.5.1　动态演变过程观察

（1）打开 LS-PREPOST 软件（以下简称"LSPP"），依次单击左上角"File→Open→LS-DYNA Binary Plot"，导入刚刚设置加载后的 d3plot 文件，如图 4.77 所示。

（2）在下侧的观察控制框里，可以选择播放、暂停等动作。单击右侧控制栏里"1"的"State"，如图 4.78 所示，可以选择逐帧观察演化过程。

（3）单击右侧控制栏里"1"的"Selpar"，如图 4.79 所示，可以用于选择只观察某个或多个 PART。

（4）单击右侧控制栏里"1"的"SPlane"，如图 4.80 所示，可以用来观察纵切面上的演化过程，其中"X:""Y:""Z:"分别代表轴心 82 所在的坐标；"NormX""NormY""NormZ"分别代表以 x、y、z 为轴进行切割，设置好参数之后可以单击"Cut"完成视图的转变。以上（3）（4）可以共同用于观察，如图 4.81 所示为沿 z 轴纵切后观察到的破裂示意图。

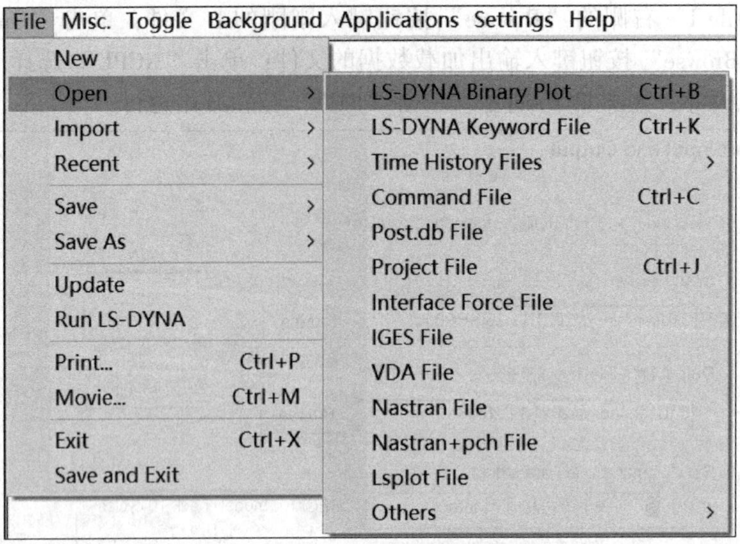

图 4.77 导入加载后文件

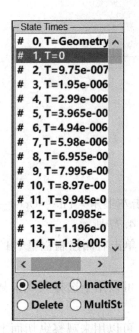

图 4.78 逐帧观察控制台

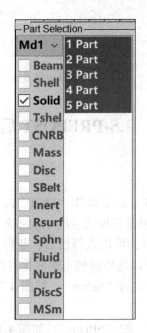

图 4.79 单元选择控制台

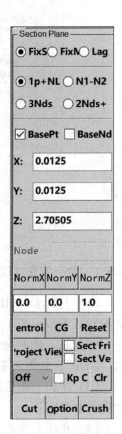

图 4.80 纵切参数控制台

（5）单击右侧控制栏里"1"的"Fcomp"，如图 4.82 所示，可以用来观察云图，可以根据需要选择不同的云图观察规律。如图 4.83 所示，为选择"pressure"下的云图演化规律，图 4.84 为结合以上（3）得到的试样云图。

4.5　LS-PREPOST 后处理

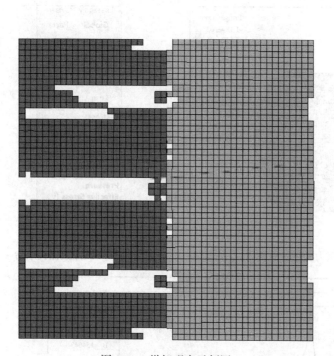

图 4.81　纵切观察示例图

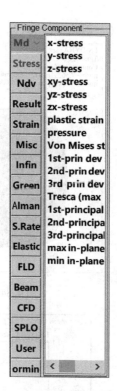

图 4.82　云图选择控制台

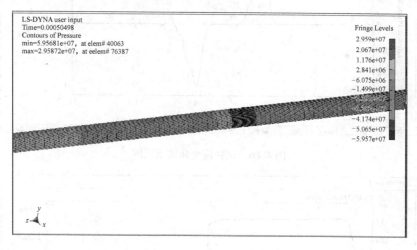

图 4.83　压力云图示例图

4.5.2　破坏数据提取

（1）单击右侧控制栏里"1"的"History"，如图 4.85 所示，可以用来观察单个单元的应力应变曲线或者能量曲线。其中，图 4.86 为选择"Element"状态下观察应变曲线，选取两个沿试样对称的单元后，单击"Plot"得到的曲线。图 4.87 为选取"Glabal"后整个试样的整体能量变化曲线。

（2）得到变化曲线可以单击右下角"Save"按钮，设定输出文件名和文件夹后输出文件（一般为 txt 格式），可导入至其他文件进行绘图和参数提取。

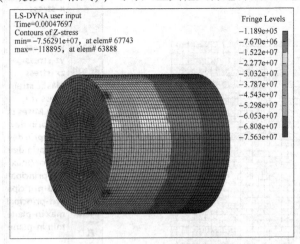

图 4.84　试样压力云图示意图　　图 4.85　试样数据提取台

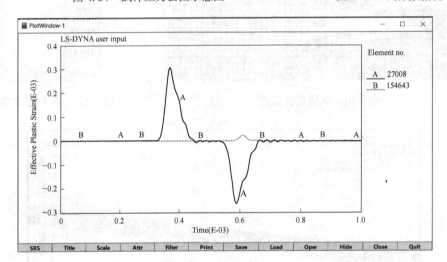

图 4.86　试样应变曲线示例图

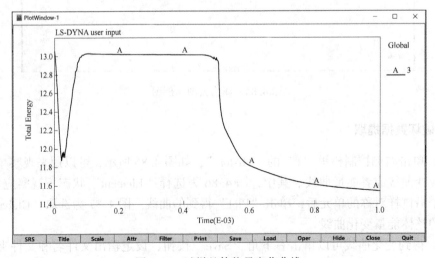

图 4.87　试样整体能量变化曲线

5 简支梁受纯弯曲作用实例

5.1 问题描述

考虑直角坐标系下平面应力弹性力学问题。如图 5.1 所示,简支梁受纯弯曲作用,弹性模量 $E=100$ MPa,泊松比 $\mu=0.1$,梁长 $L=100$ mm,高 $H=10$ mm,弯矩 $M=100$ N·mm。
计算:(1) 应力分量 σ_x、σ_y、τ_{xy} 云图;(2) 应变分量 ε_x、ε_y、γ_{xy} 云图;(3) 位移分量 u、v 云图;(4) 整体变形图;(5) 比较分析梁底部指定中点 B 的理论解析解与数值计算解的应力、应变、位移情况。

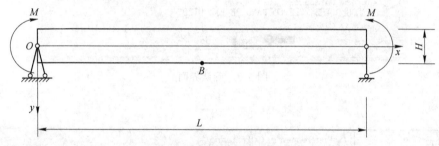

图 5.1 简支梁受纯弯矩作用

简支梁支持 100 N·mm 的力,假设本实例为线性问题,将其简化为 2D 平面结构静力分析。

5.2 ANSYS 操作详解

5.2.1 创建物理环境

(1) 启动 ANSYS 程序。单击"开始"按钮后,选择程序"ANSYS→Interactive"启动 ANSYS。如果 ANSYS 已经启动,依次选取"File→Clear & Start New"来清除数据,随后的开始界面如图 5.2 所示,确认界面如图 5.3 所示。

(2) 设置 GUI 菜单过滤。在"Main Menu"菜单中选择"Preferences"选项,打开菜单过滤设置对话框,如图 5.4 所示。选中"Structural"复选框,然后单击"OK"按钮。

"Utility Menu"菜单中选择"File→Change Jobname",弹出如图 5.5 所示对话框,在"Enter new jobname"后输入"support",并在"New log and error files?"后勾选"Yes",单击"OK"按钮,修改文件名。

单击"File→Change Title",弹出对话框如图 5.6 所示,在框中输入"Support,100N·m"修改标题,单击"OK"按钮。

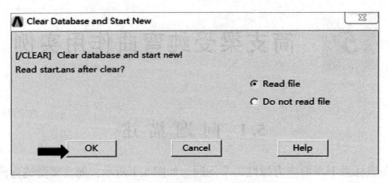

图 5.2　清除数据的开始界面

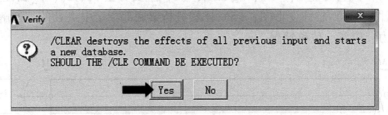

图 5.3　确认界面

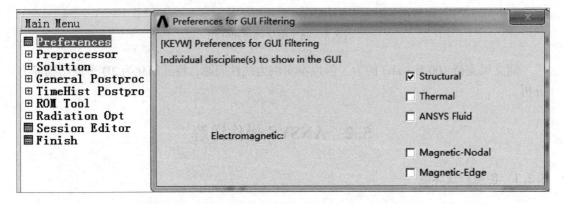

图 5.4　"Preference"对话框

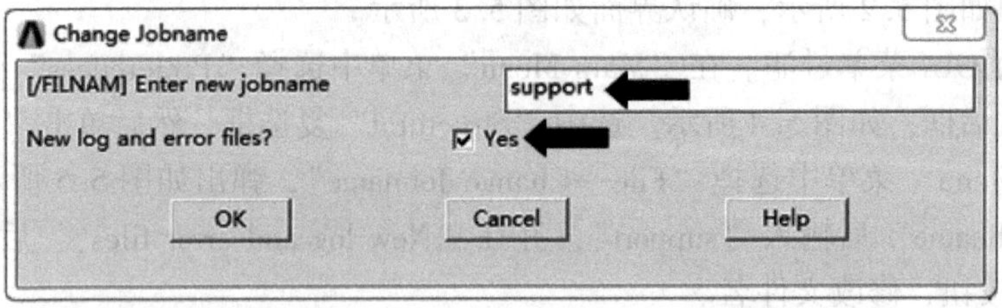

图 5.5　"Change Jobname"对话框

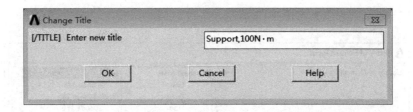

图 5.6 "Change Title" 对话框

(3) 设置单元类型和选项。在"Main Menu"菜单中选择"Preprocessor→Element Type→Add/Edit/Delete",弹出如图 5.7 所示的"Element Types"对话框。单击"Add…"按钮,在弹出的"Library of Element Types"对话框中单元类型依次选择"Solid""Quad 4 node 182",单击"OK"按钮,将单元类型设置为"PLANE182",如图 5.8 所示。

图 5.7 "Element Types" 对话框

(4) 定义单元关键字。在单元类型对话框中,单击"Options",弹出"PLANE182 element type options"对话框,如图 5.9 所示。在关键字"K3"后的下拉菜单中选择"Plane strs w/thk",单击"OK"按钮。

(5) 设置元素的特性参数。在"Main Menu"菜单中选择"Preprocessor→Real Constants→Add",在弹出对话框中单击"OK"按钮,弹出"Real Constants"参数设置对话框,如图 5.10 所示。在"Thickness"框中输入 10,单击"OK"按钮,将厚度设置为 10 mm。

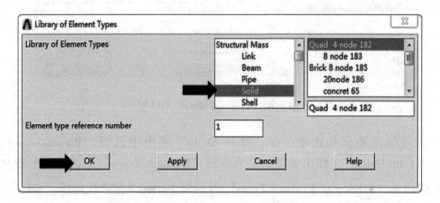

图 5.8 单元类型库对话框

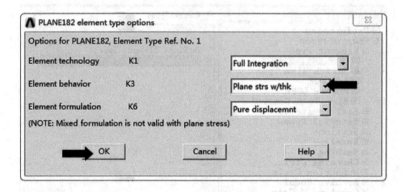

图 5.9 定义单元关键字

(6) 定义材料属性。在"Main Menu"菜单中选取"Preprocessor→Material Props→Material Models"菜单项,打开定义材料本构模型对话框,如图 5.11 所示。在"Material Models Available"分组框中选取"Structural→Linear→Elastic→Isotropic"选项,弹出线弹性材料模型对话框,如图 5.12 所示,输入"EX=100""PRXY=0.1",单击"OK"按钮保存,即设定弹性模量为 100 MPa,泊松比为 0.1。设置完成后,依次选择材料模型参数设置对话框中的"Material→Exit"关闭对话框。

5.2.2 建立模型

(1) 创建关键点。在"Main Menu"菜单中选择"Preprocessor→Modeling→Create→Keypoints→In Active CS",弹出"Create Keypoints in Active Coordinate System"对话框,在"NPT Keypoint number"列表框中输入 1~6 的几何点编号,在"X, Y, Z Location in active CS"列表框中输入 1~6 几何点的 x、y、z 数据,如图 5.13 所示。其中输入第 1 点坐标后单击"Apply"按钮并输入第 2 点,依次类推,直至输入完所有点,单击"OK"按钮,所有的几何点在坐标系中如图 5.14 所示。

5.2 ANSYS 操作详解

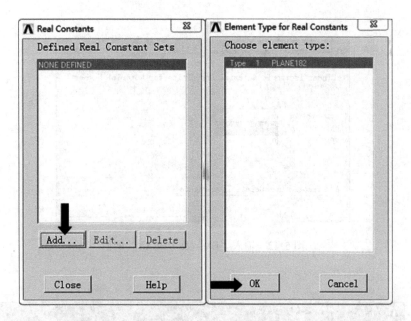

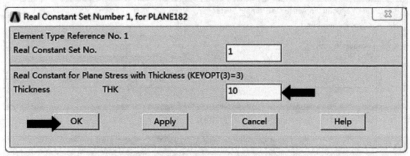

图 5.10 设置 Plane42 的 Real Constant

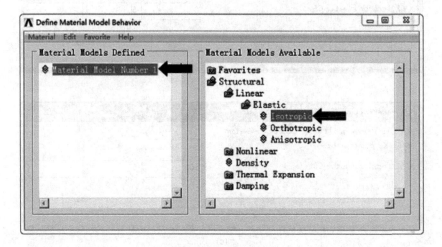

图 5.11 选择材料属性

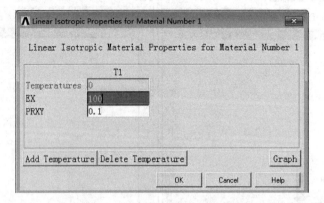

图 5.12 输入 "EX" 及 "PRXY" 的值

(a)

(b)

(c)

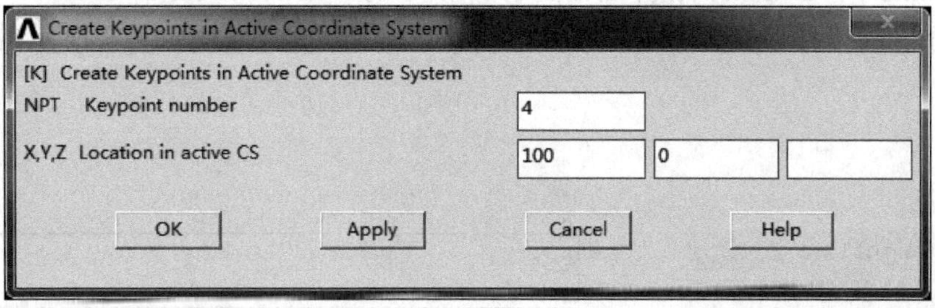

图 5.13 添加几何点对话框

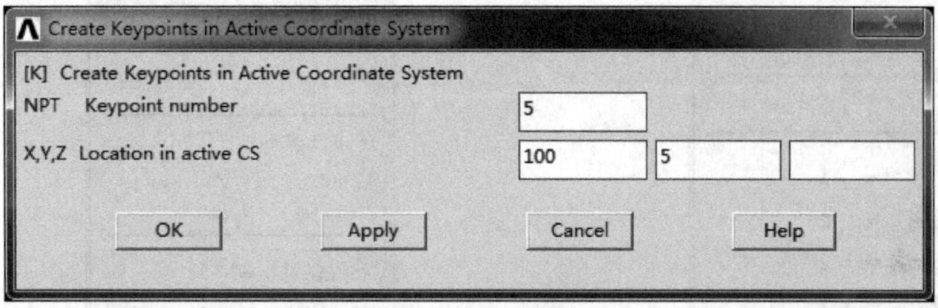

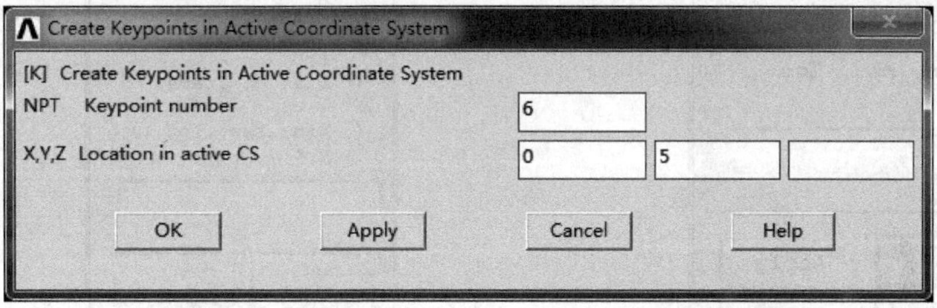

(a) 第1点；(b) 第2点；(c) 第3点；(d) 第4点；(e) 第5点；(f) 第6点

图 5.14 坐标轴中的几何点

（2）创建线模型。在"Main Menu"菜单中选择"Preprocessor→Modeling→Create→Lines→Straight Line"，弹出如图 5.15 所示的"Create Straight Line"对话框，依次拾取 1号~6号点，并单击对话框中的"Apply"按钮，建立如图 5.16 所示的几何线模型。

(3)创建面模型。在"Main Menu"菜单中选择"Preprocessor →Modeling →Create → Areas →Arbitrary →By Lines",弹出如图 5.17 所示的"Create Areas by Lines"对话框,依次拾取 6 条直线,并单击对话框中的"Apply"按钮,建立如图 5.18 所示的几何面模型。

图 5.16 坐标轴中的几何线

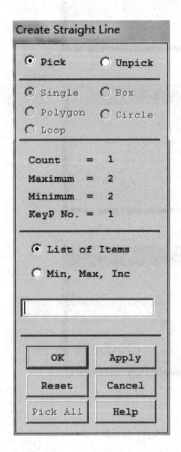

图 5.15 添加几何线对话框

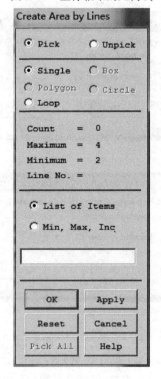

图 5.17 添加几何面对话框

图 5.18 坐标轴中的几何线

5.2.3 划分网格

在"Main Menu"菜单中选择"Preprocessor → Meshing → MeshTool",在弹出的"MeshTool"对话框中,勾选"Smart Size"复选框,精度等级显示为 1,然后单击

"Mesh"按钮,拾取几何面后,单击"Apply"按钮即可完成网格的划分。网格化后的图形如图 5.19 所示。

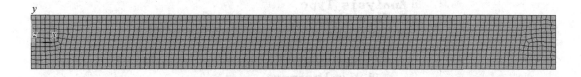

图 5.19　网格化后的图形

5.2.4　定义约束与接触

(1) 施加自由度约束。依次选择"Solution →Define Loads →Apply →Structural →Displacement →On Keypoints",拾取模型左侧和右侧中点,单击"OK"按钮,弹出如图 5.20 所示的对话框,并按图示设置自由度约束,设置完成后单击"OK"按钮即可。

(2) 施加表面负载。依次选择"Solution → Define Loads → Apply → Structural → Pressure →On Lines",拾取模型左侧和右侧的四条直线,单击"OK"按钮,弹出如图 5.21所示的对话框,按图示设置参数,设置完成后单击"OK"按钮即可。最后完成边界条件的设置如图 5.22 所示。

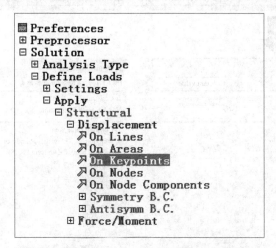

图 5.20　设置拘束条件

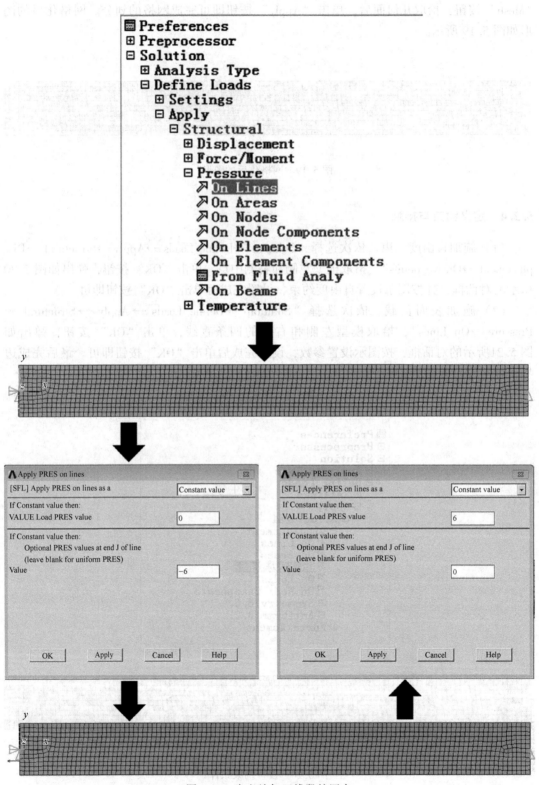

图 5.21 定义施加于线段的压力

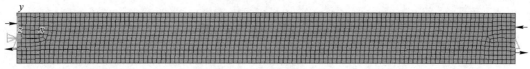

图 5.22 边界条件设置完成

5.2.5 设置分析类型

在"Main Menu"菜单中依次选取"Solution→Analysis Type→New Analysis",弹出求解类型选取对话框,如图 5.23 所示,选中"Static",单击"OK"按钮,将分析类型设置为静力学求解。

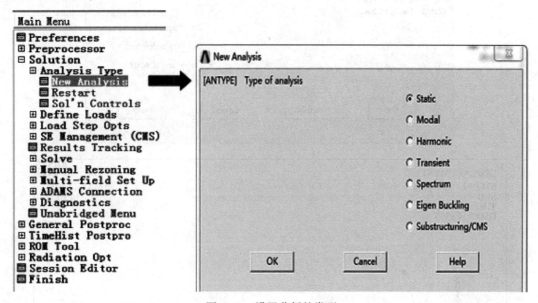

图 5.23 设置分析的类型

5.2.6 求解

在"Main Menu"菜单中依次选取"Solution→Slove→Current LS",弹出求解对话框,如图 5.24 所示,单击"OK"按钮进行求解。求解完成后,依次选取"File→Save as…",弹出保存对话框,输入文件名称并选取保存位置,单击"OK"按钮进行保存。

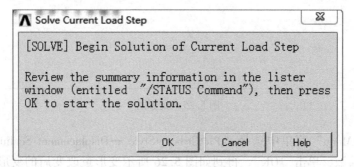

图 5.24 确认开始计算

5.3 结果查看

5.3.1 变形

在"Main Menu"菜单中选择"General Postproc →Polt Result →Deformed Shape",弹出对话框,选取"Def+undef edge",单击"OK"按钮,得到如图 5.25 所示的变形图。

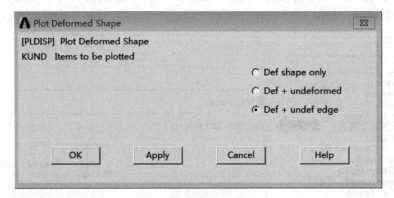

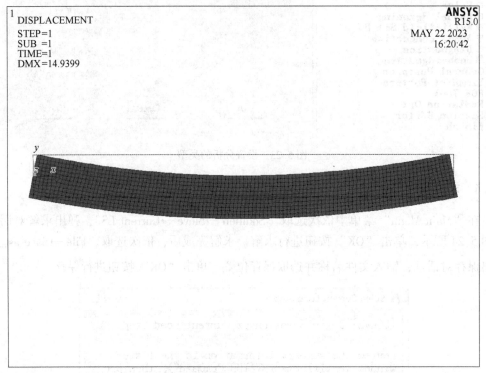

图 5.25 变形图

在"Uility Menu"菜单中选择"PlotCtrls →Style →Displacement Scaling",弹出对话框,更改放大倍数,单击"OK",得到如图 5.26 所示变形量改变后的变形图。依次选取"PlotCtrls →Animate →Deformed Shape",可得到 avi. 格式动画文件。

5.3 结果查看

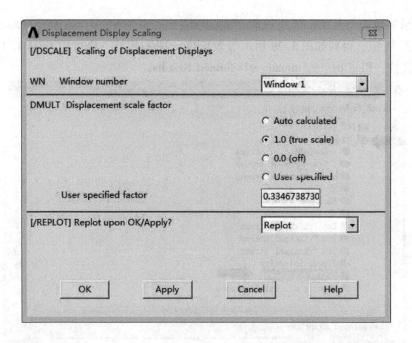

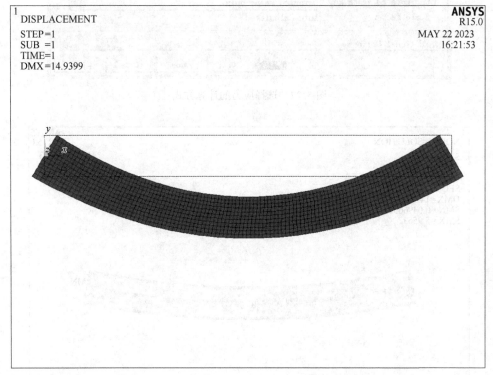

图 5.26 变形量改变后的变形图

5.3.2 应力和应变

(1) 节点方案。依次选择 "General Postproc →Plot Results →Contour Plot →Nodal Solution →Stress →von Mises plastic strain",如图 5.27 所示；单击 "OK" 按钮，得到如

图5.28所示等效应力云图。依次选取"Total Mechanical Strain →von Mises plastic strain",单击"OK"按钮,得到如图5.29所示等效应变云图。此外,也可用Contour Plot的方式产生AVI文件:PlotCtrls →Animate →Deformed Results。

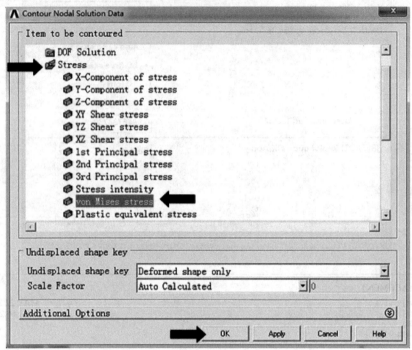

图5.27 选择应力的计算方式

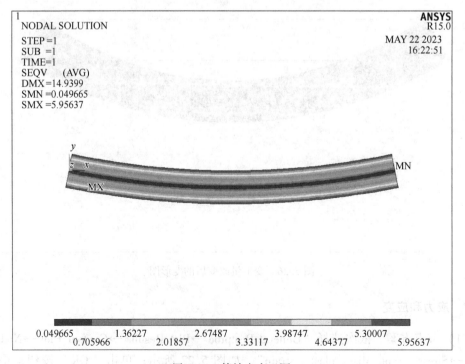

图5.28 等效应力云图

5.3 结果查看

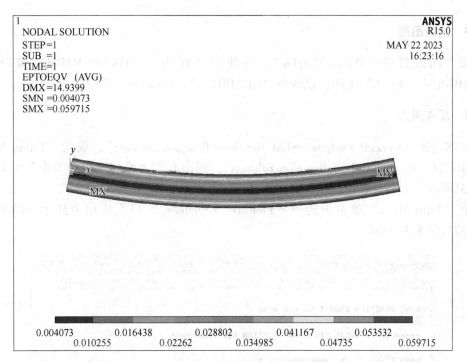

图 5.29　等效应变云图

（2）元素方案。依次选择"General Postproc→Plot Results→Contour Plot→Element Solution"，重复（1）中操作，得到相应应力与应变结果。此时，应力在各个元素的交界处都会产生不连续的现象，如图 5.30 所示。

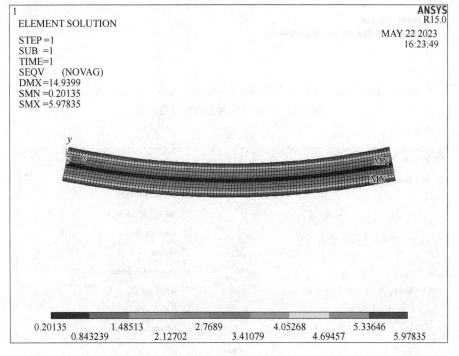

图 5.30　不连续的应力图

5.3.3 增强图形

要关闭或打开"Power Graphic",可使用"Toolbar＞POWERGRAPH"或以命令"GRAPHICS""FULL"关闭,以命令"GRAPHICS""POWER"启动。

5.3.4 反作用力

依次选择"General Postproc→List Results→Reaction Solution",或在"Utility Menu"菜单中选择"List→Results→Reaction Solution",列出有产生反作用力的节点与汇总,如图 5.31 所示。

在"Uility Menu"菜单中选择"PlotCtrls→Symbols",将反作用力显示于图中,如图 5.32 和图 5.33 所示。

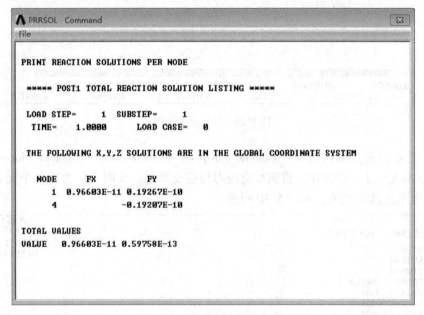

图 5.31 产生反作用力的节点及汇总

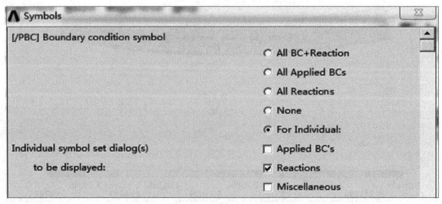

(a)

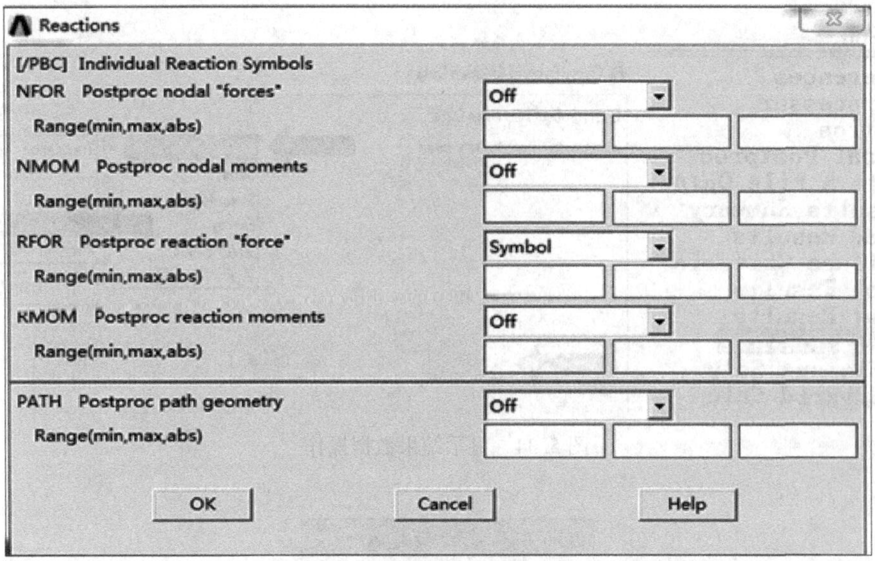

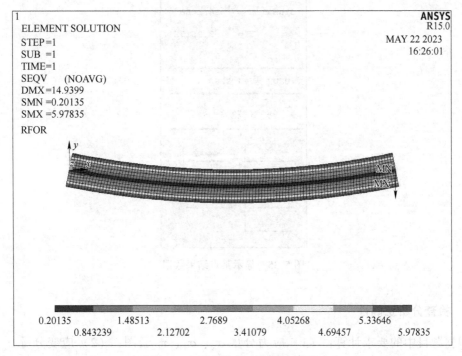

图 5.32 设置反作用力显示于图中

图 5.33 将反作用力在图中显示

5.3.5 结果数据查询

依次选择 "General Postproc→Query Results", 选取 "Subgrid Solu", 弹出对话框如图 5.34 所示。选取 "DOF solution" "USUM", 单击 "OK" 按钮, 出现 "Pick Window",

可查看各点位移量,单击屏幕上节点的位置就会显示数据,如图 5.35 和图 5.36 所示。

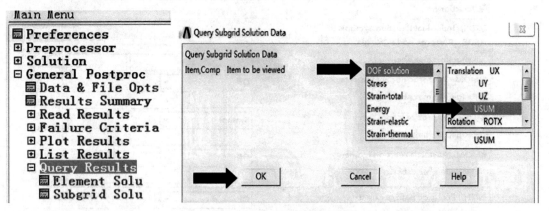

图 5.34 显示结果数据操作

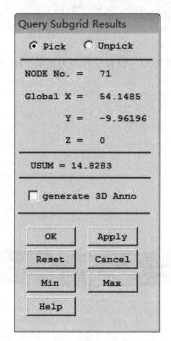

图 5.35 显示某点结果数据

5.3.6 检查分析正确性

根据题目中的要求计算:(1)应力分量 σ_x、σ_y、τ_{xy} 云图;(2)应变分量 ε_x、ε_y、γ_{xy} 云图;(3)位移分量 u、v 云图;(4)整体变形图;(5)比较分析梁底部指定中点 B 的理论解析解与数值计算解的应力、应变、位移情况。

提取应力分量 σ_x、σ_y、τ_{xy},应变分量 ε_x、ε_y、γ_{xy} 云图,位移分量 u、v 云图,整体变形图与梁底部指定中点 B 的数值计算解的应力、应变、位移情况,如图 5.37~图 5.48 所示。

5.3 结果查看

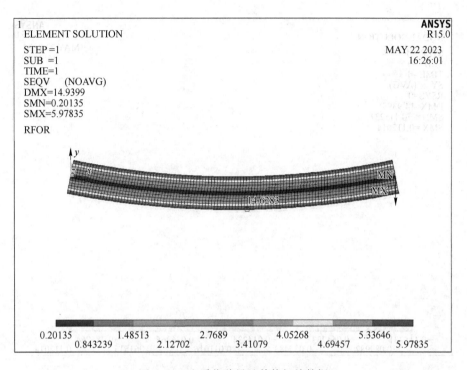

图 5.36　查看位移量及其他相关数据

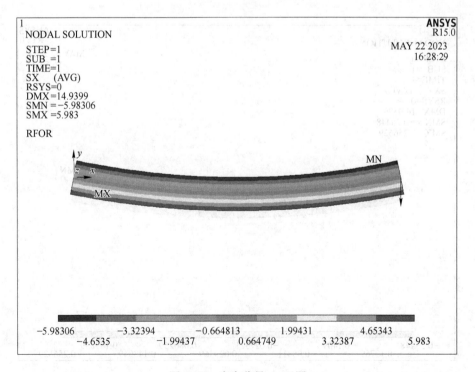

图 5.37　应力分量 σ_x 云图

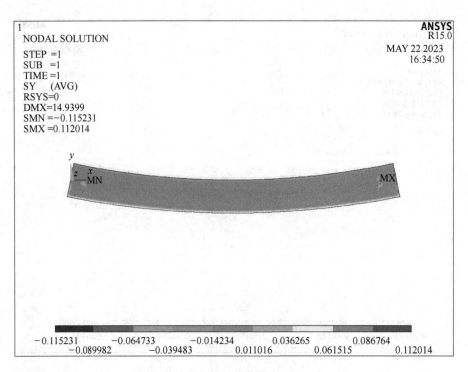

图 5.38 应力分量 σ_y 云图

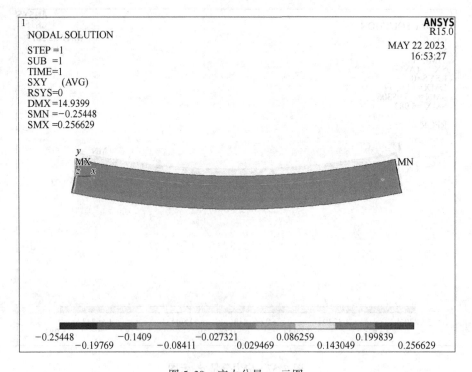

图 5.39 应力分量 τ_{xy} 云图

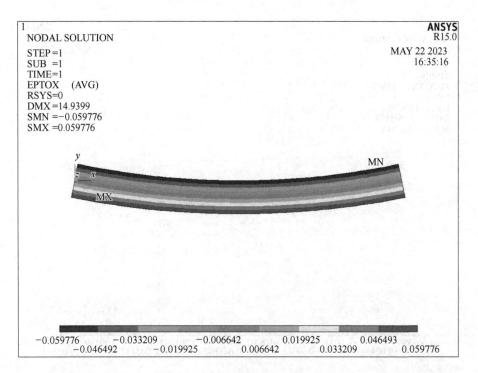

图 5.40 应变分量 ε_x 云图

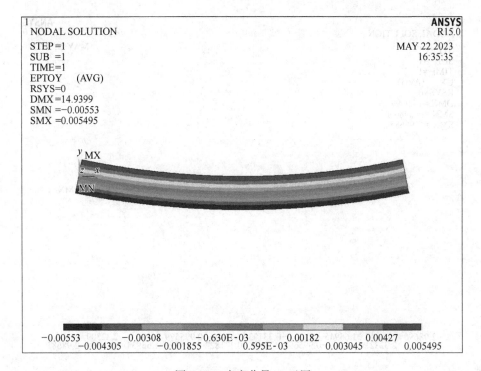

图 5.41 应变分量 ε_y 云图

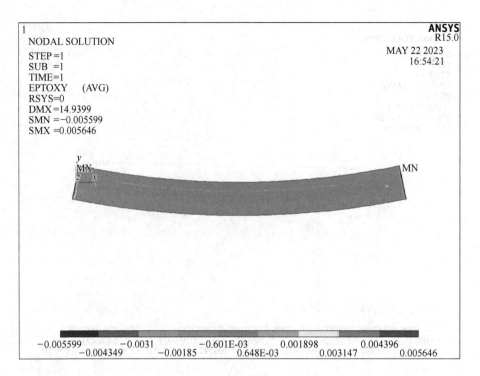

图 5.42　应变分量 γ_{xy} 云图

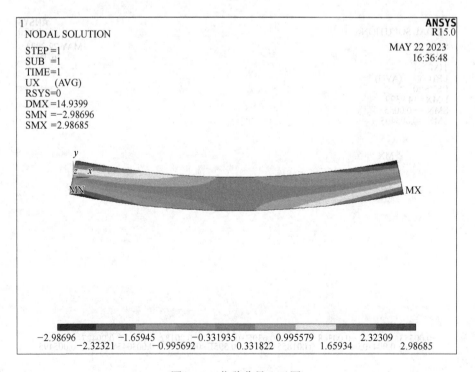

图 5.43　位移分量 u 云图

5.3 结果查看

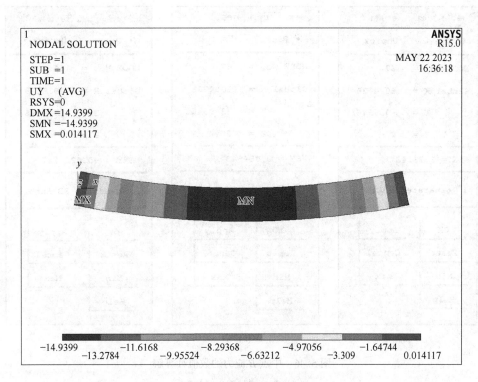

图 5.44　位移分量 v 云图

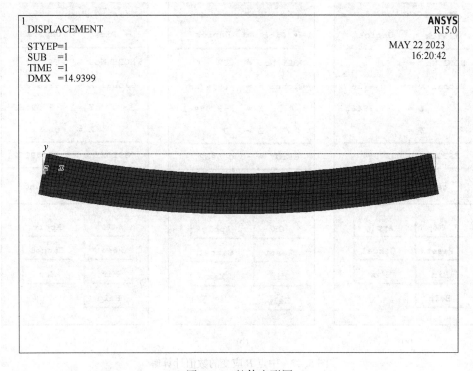

图 5.45　整体变形图

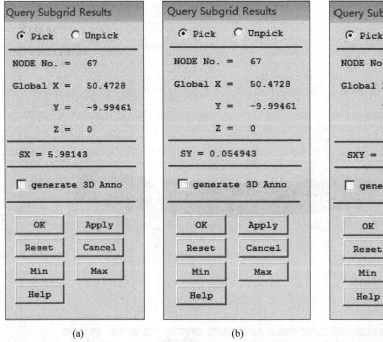
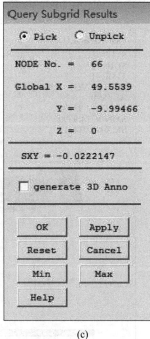

图 5.46　中点 B 应力的数值计算解

(a) σ_x;　(b) σ_y;　(c) τ_{xy}

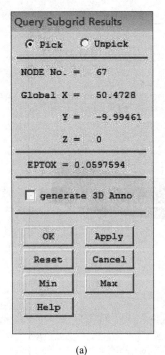
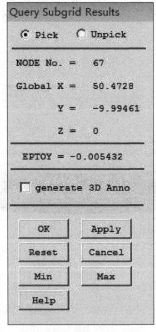
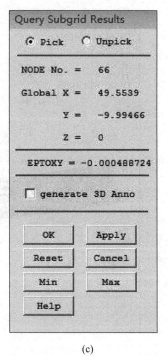

图 5.47　中点 B 应变的数值计算解

(a) ε_x;　(b) ε_y;　(c) γ_{xy}

5.3 结果查看

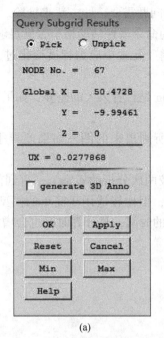
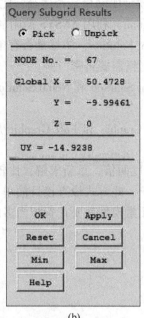

图 5.48 中点 B 位移的数值计算解
(a) u；(b) v

根据简支梁弹性力学应力应变方程，计算得到表 5.1 所示的理论解析解。数值计算值和理论解析解之间的差别在误差范围之内。其中，由于坐标系设置差异，v 的理论解析解与数值计算值符号不一致，但其绝对值一致，说明由 ANSYS 软件模拟出的数值可靠性，所得到的结果也为正确解。

表 5.1 中点 B 的理论解析解

应力/MPa	σ_x	σ_y	τ_{xy}
	6	0	0
应变	ε_x	ε_y	γ_{xy}
	0.06	−0.006	0
位移	u	v	
	0	14.985	

结构分析完成后，有一些问题需要用户一定要思考。

（1）反作用力和负载是否为平衡力？

（2）最大应力是否超过材料屈服强度，是否需要考虑材料的弹塑性做非线性分析？开始假设是一个线性分析，计算结果的最大应力尚未超过钢材的屈服强度才可以，否则假设为线性分析是不合理的。

（3）最大应力发生的位置，是否发生在集中负载的地方，或模型上凹角的地方？一般来说这些地方的值都不具正确的物理意义，因为很有可能是奇异点造成的。

（4）有限元素模型的网格是否适当？此问题需要一些方法来检验。

1）Error Estimation，利用 ANSYS 所附的命令来评估网格是否已足够，此处不做讨论。

2）画出 Element Solution，注意是否有单一元素中应力梯度变化过大的情况，如果有则表示这一区域的网格需要再密一些。

3）比较 Element Solution 和 Nodal Solution 是否有太大的差异，如果有再把局部的网格加密一些。

4）比较 Power Graphic 和 Full Graphic 所画出来的图，如果差异很大，把网格密度调高。

5）调高网格密度两倍，重新求解，比较两次分析的答案，一直到前后两次分析出来的结果相差很小为止。此方式最直接且简单，但比较适用于简单的模型。太复杂的模型，仅是重新建立有限元素模型就要花费相当多的时间，且计算时间也会增加很多。

6 边坡稳定性求解实例

6.1 问题描述

安全系数作为边坡稳定性分析中重要的参考指标,常被用来评价边坡稳定性状态。基于数值模拟技术的强度折减法,成功将数值模拟技术引入安全系数求解过程中,为工程实践、学术研究提供了便捷的工具。

本实例模拟基于 ANSYS16.0 软件开展。ANSYS 作为强大的数值模拟软件,拥有较为高效便捷的建模和网格划分手段。

(1) 模型几何尺寸,图 6.1 为分析模型示意图。

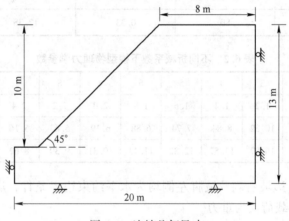

图 6.1 边坡几何尺寸

(2) 单元选择与材料常数。本实例采取 D-P 准则中的等面积 D-P 圆,公式如下:

$$\alpha = \frac{\sqrt{2\sqrt{3}}\sin\varphi}{\sqrt{\pi(9-\sin^2\varphi)}}; \quad k = \frac{6\sqrt{3}\,C\cos\varphi}{\sqrt{2\pi(9-\sin^2\varphi)}} \tag{6.1}$$

对于符合摩尔-库仑准则的 φ 与 C,其与等面积 D-P 圆中等效对应的 φ' 与 C' 的关系式如下:

$$\frac{\sqrt{2\sqrt{3}}\sin\varphi'}{\sqrt{\pi(9-\sin^2\varphi')}} = \frac{2\sin\varphi}{\sqrt{3}(3-\sin\varphi)} = \alpha \tag{6.2}$$

$$\frac{6\sqrt{3}\,C'\cos\varphi'}{\sqrt{2\pi(9-\sin^2\varphi')}} = \frac{6C\cos\varphi}{\sqrt{3}(3-\sin\varphi)} = k \tag{6.3}$$

联立式 (6.2)、式 (6.3) 可得 ANSYS 中的等效屈服准则公式如下:

$$\sin\varphi' = \pm\sqrt{\frac{9\pi\alpha^2}{2\sqrt{3}+\alpha^2\pi}} \tag{6.4}$$

$$C' = \frac{k\sqrt{2\pi(9-\sin^2\varphi')}}{6\sqrt{3}\cos\varphi'} \tag{6.5}$$

使用折减系数法计算边坡稳系数时,首先设定一个折减系数 F,然后根据折减系数法原理,得到 $\bar{\phi}=\arctan\dfrac{\tan\varphi'}{F}$;$\bar{c}=\dfrac{c'}{F}$,把参数 $\bar{\phi}$ 和 $\bar{c}$ 输入 ANSYS 的 D-P 本构方程中,不断地改变 F 至计算发散为止。

本模型选取支持 D-P 分析的 4 节点 PLANE82 单元,并设置关键词 K3 为平面应变,材料应力应变关系为等面积 D-P 圆模型,其材料各参数见表 6.1。设置折减系数为 1.7,D-P 参数计算为:黏聚力为 7.28 kPa,内摩擦角为 12.08°。当设置折减系数为 1、1.2、1.4、1.6、1.8、2.0、2.2、2.4、2.6、2.8、3.0 时,D-P 参数的计算结果见表 6.2。

表 6.1 模型原始物理力学参数

$\rho/(\mathrm{kg}\cdot\mathrm{m}^{-3})$	E/MPa	v	c/kPa	$\phi/(°)$
2000	80	0.33	12.38	20

表 6.2 不同折减系数下模型物理力学参数

材料编号	1	2	3	4	5	6	7	8	9	10	11	12
F	1.7	1	1.2	1.4	1.6	1.8	2.0	2.2	2.4	2.6	2.8	3.0
$\bar{c}/\mathrm{kPa}$	7.28	12.38	10.32	8.84	7.74	6.88	6.19	5.63	5.16	4.76	4.42	4.13
$\bar{\phi}/(°)$	12.08	20	16.87	14.57	12.82	11.43	10.31	9.39	8.62	7.97	7.41	6.92

(3)边界条件。边坡右侧及坡脚左侧均为水平约束边界条件,底面为全部固定边界条件。本实例中,外载荷仅为重力。

6.2 ANSYS 操作详解

6.2.1 创建物理环境

(1)启动 ANSYS 程序。在开始菜单中依次选取"所有程序→Mechanical APDL Product Launcher 16.0"得到"16.0:ANSYS Mechanical APDL Product Launcher"对话框。选择"File Management",在"Simulation Environment"下拉框中选择 ANSYS,"License"下拉框中选择"ANSYS Multiphysics",在"Working Directory"栏中选取工作目录"D:→Software documents→ANSYS→Slope",在"Job Name"栏中输入文件名"Slope"。然后单击"Run"进入 ANSYS16.0 的 GUI 操作界面,如图 6.2 所示。

(2)设置 GUI 菜单过滤。在"Main Menu"菜单中选取"Preferences"选项,打开菜单过滤设置对话框,如图 6.3 所示。选中"Structural"复选框,然后单击"OK"按钮。

(3)设置单元类型和选项。单击"File→Change Title",弹出对话框如图 6.4 所示,

6.2 ANSYS 操作详解

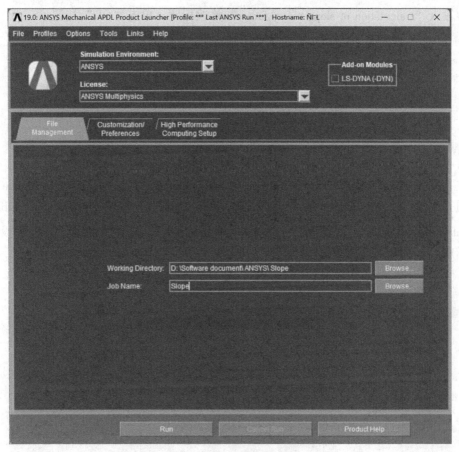

图 6.2 启动 ANSYS 程序

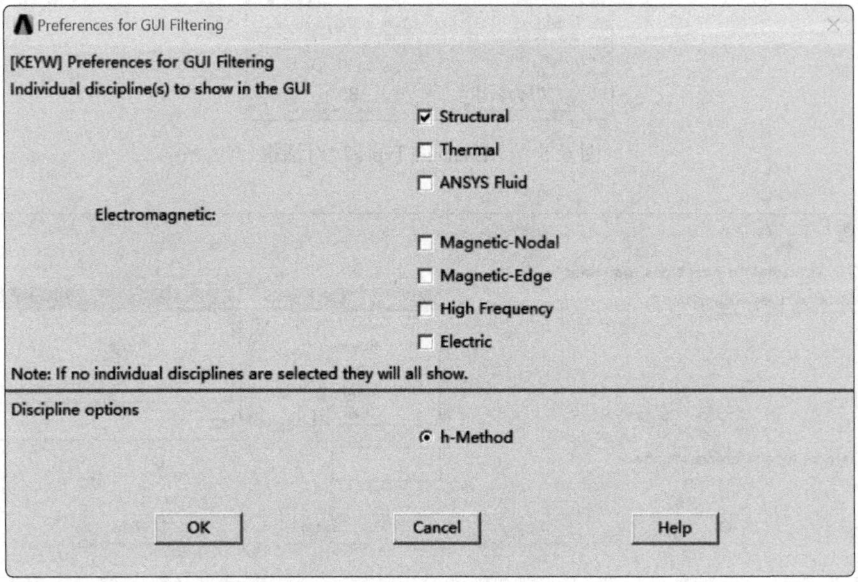

图 6.3 设置 GUI 菜单过滤

在框中输入"Calculation of slope safety factor"修改标题,单击"OK"按钮。

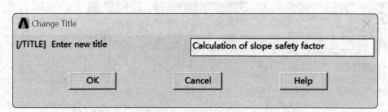

图 6.4　修改标题

在"Main Menu"菜单中选择"Preprocessor→Element Type→Add/Edit/Delete",弹出如图 6.5 所示的"Element Types"对话框。单击"Add…"按钮,在弹出的"Library of Element Types"对话框右侧输入"82",单击"OK"按钮,将单元类型设置为"PLANE82",如图 6.6 所示。

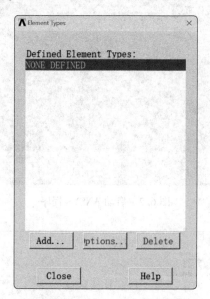

图 6.5　"Element Types"对话框

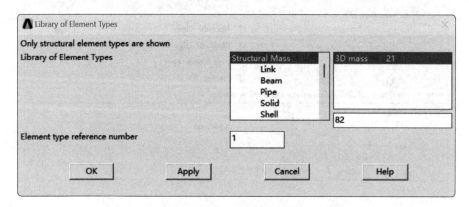

图 6.6　单元类型库对话框

(4) 定义单元关键字。在单元类型对话框中，单击"Options"，弹出"PLANE82 element type options"对话框，如图 6.7 所示。在关键字"K3"后的下拉菜单中选择"Plane strain"，单击"OK"按钮，将关键词 K3 设置为平面应变。

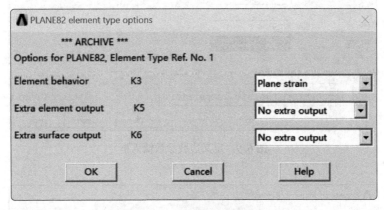

图 6.7 定义单元关键字

(5) 定义材料属性。

1) 单击"Close"按钮关闭"Element Types"对话框。在"Main Menu"菜单中选取"Preprocessor→Material Props→Material Models"菜单项，打开定义材料本构模型对话框，如图 6.8 所示。在"Material Models Available"分组框中选取"Structural→Linear→Elastic→Isotropic"选项，弹出线弹性材料模型对话框，如图 6.9 所示，输入"EX=8E7""PRXY=0.33"，单击"OK"按钮保存，即设定弹性模量为"80 MPa"，泊松比为"0.33"。

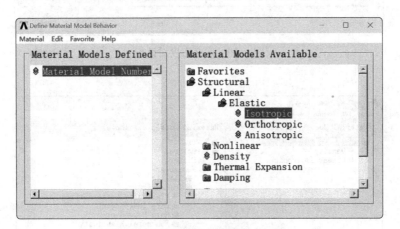

图 6.8 定义材料本构模型对话框

2) 在定义材料本构模型对话框的"Material Models Available"分组框中单击"Density"，弹出定义密度对话框，如图 6.10 所示，输入"DENS=2000"，单击"OK"按钮，将密度设置为"2000 kg/m^3"。

3) 如图 6.11 所示，在定义材料本构模型对话框的"Material Models Available"对话

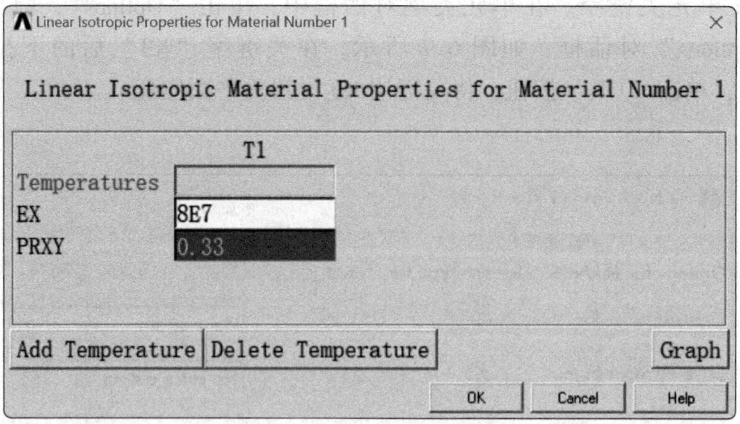

6 边坡稳定性求解实例

图 6.9 定义边坡参数输入框

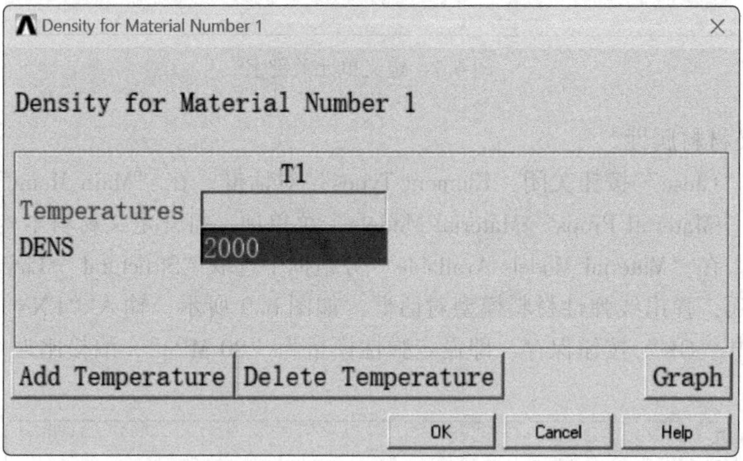

图 6.10 定义密度对话框

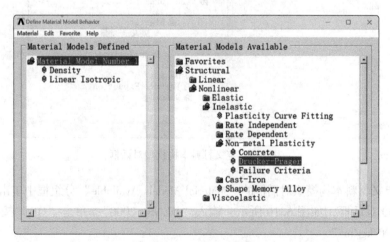

图 6.11 选取 D-P 模型

框中选取"Structural→Nonlinear→Inelastic→Non-metal Plasticity→Drucker-Prager",弹出对话框,如图 6.12 所示,输入"Cohesion"为"7280","Fric Angle"为"12.08",单击"OK"按钮,将材料 1 的内聚力设置为 7280 Pa,内摩擦角设置为 12.08°,即折减系数为 1.7 所对应的材料特性。

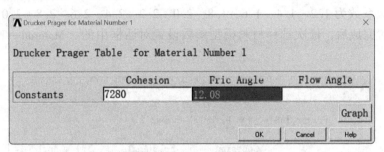

图 6.12　设置 D-P 模型参数

在"Material Models Available"对话框中选择"Edit→Copy…",弹出新材料设置对话框如图 6.13 所示。在"from Material number"中选择"1",在"to Material number"框中输入"2",单击"OK"按钮,将材料 1 的参数复制生成材料 2,随后重复操作来生成材料 3~材料 12,如图 6.14 所示。

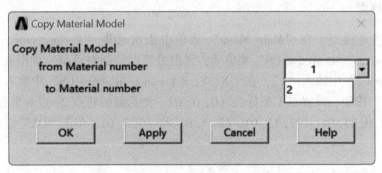

图 6.13　新材料设置对话框

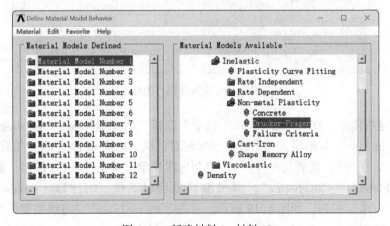

图 6.14　新建材料 2~材料 12

4）在材料模型参数设置对话框中，依次选择"Material Model number 2→Drucker-Prager"，在弹出的对话框中输入"Cohesion"为"12380"，"Fric Angle"为"20"，如图6.15所示。单击"OK"按钮，将材料2的内聚力设置为12380 Pa，内摩擦角设置为20°，即折减系数为1所对应的材料特性。对于材料3~材料12重复上述操作，参照表6.2，分别赋予其折减系数为1.2、1.4、1.6、1.8、2.0、2.2、2.4、2.6、2.8、3.0所对应的材料特性。设置完成后，依次选择材料模型参数设置对话框中的"Material→Exit"关闭对话框。

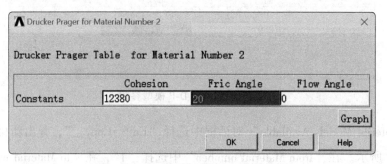

图6.15 设置材料2的D-P模型参数

6.2.2 建立模型

（1）创建关键点。在"Main Menu"菜单中依次选取"Preprocessor→Modeling→Create→Keypoints→In Active CS"菜单项，弹出关键点绘制对话框，如图6.16所示。在"Keypoint number"中输入"1"，在"X, Y, Z Location in active CS"中输入"0, 0, 0"，单击"Apply"按钮，设置点1坐标为（0，0，0）。然后继续将点2~点6坐标依次设置为(20, 0, 0)、(20, 13, 0)、(12, 13, 0)、(2, 3, 0)和(0, 3, 0)，单击"OK"按钮，完成关键点坐标设置。

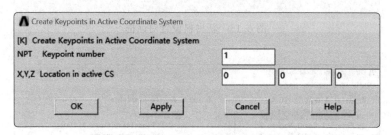

图6.16 设置关键点坐标

（2）创建线模型。在"Main Menu"菜单中选择"Preprocessor→Modeling→Create→Lines→Straight Line"菜单项，弹出线模型绘制对话框，如图6.17所示。随后依次选取点1与点2，点2与点3，直至点6与点1，绘制出线模型，单击"OK"按钮，如图6.18所示。单击"Plotctrls→Numbering"，弹出编号显示对话框，将"Line numbers"选择为"on"，单击"OK"按钮，如图6.19所示。单击"Plot→Lines"，将线模型标号显示出来，如图6.20所示。

6.2 ANSYS 操作详解

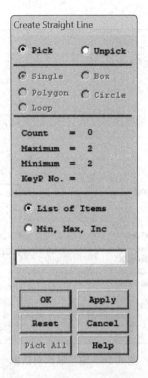

图 6.17 线模型绘制对话框

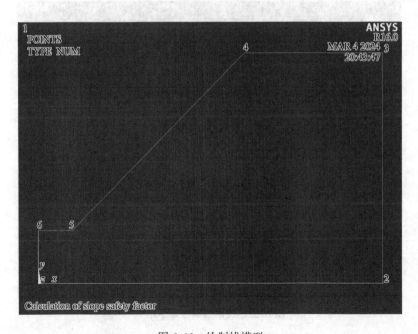

图 6.18 绘制线模型

（3）创建面模型。在"Main Menu"菜单中选择"Preprocessor →Modeling→Create →Areas →Arbitrary →By lines"菜单项，弹出面模型绘制对话框，如图 6.21 所示。随后依次

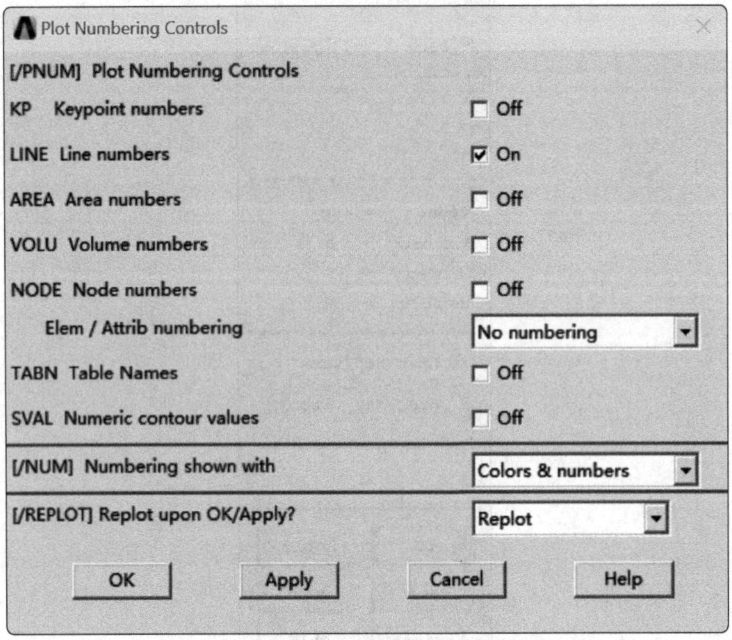

图 6.19 编号显示对话框

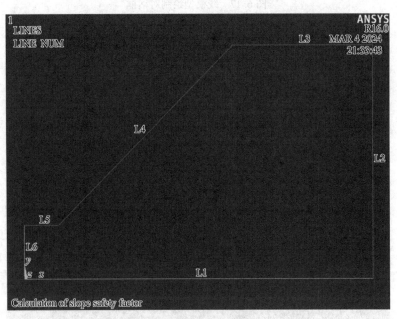

图 6.20 线模型编号显示结果

选取各条线,单击"Apply",绘制出面模型,如图 6.22 所示。单击"Plotctrls→Numbering",弹出编号显示对话框,将"Area numbers"选择为"on",单击"OK"按钮,如图 6.23 所示。单击"Plot→Areas",将面模型标号显示出来,如图 6.24 所示。

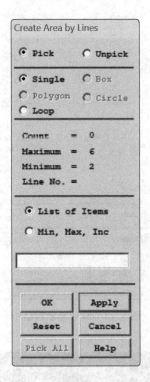

图 6.21 面模型绘制对话框

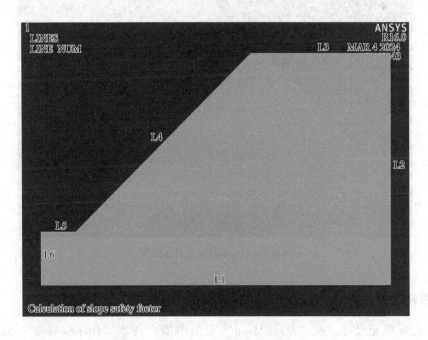

图 6.22 绘制面模型

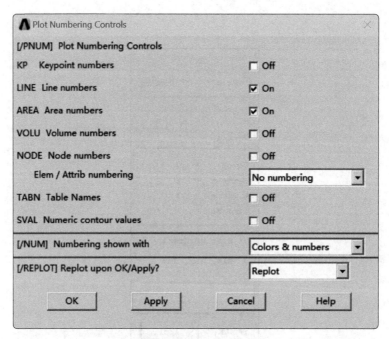

图 6.23　编号显示对话框

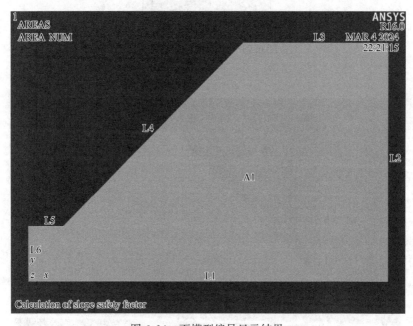

图 6.24　面模型编号显示结果

6.2.3　划分网格

(1) 设置单元尺寸。在 "Main Menu" 菜单中依次选取 "Preprocessor→Meshing→Mesh Tool"，弹出网格划分功能对话框，如图 6.25 所示。依次选取 "Size Controls" 中

"Lines"中的"Set",弹出以线来控制单元尺寸选取对话框,选取要分割的线,然后单击"Apply"按钮,打开单元尺寸对话框,如图6.26所示。在单元分割等分文本框中输入相应的等分数,然后再单击"Apply"按钮。直到所有的线都被分割完为止,最后单击"OK"按钮。

将边坡各边均按1 m划分为4个网格的方式进行划分;从边坡底部开始沿逆时针方向,边坡各边依次被划分为80等份、52等份、32等份、56等份、8等份和12等份,底边划分结果如图6.27所示,最终划分结果如图6.28所示。

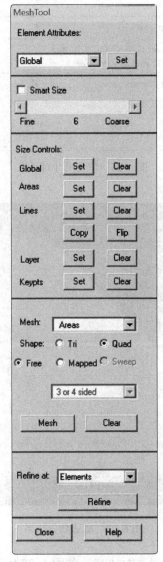

图6.25 网格划分功能对话框

(2)赋予材料特性。依次选取"Preprocessor→Meshing→Mesh Tool",在网格划分功能对话框的"Element Attributes"栏选取"Areas",单击右侧"Set",弹出"Areas Attributes"对话框如图6.29所示。选取边坡面,单击"OK"按钮,弹出地层单元属性设置对

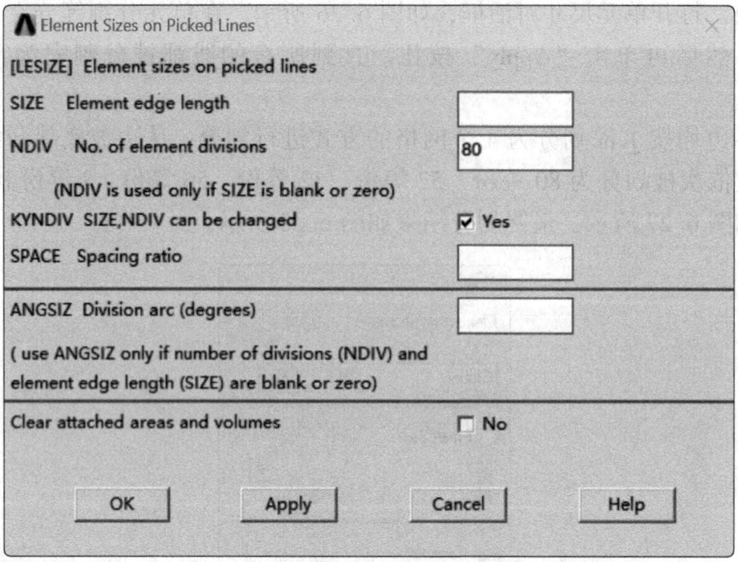

图6.26 单元尺寸对话框

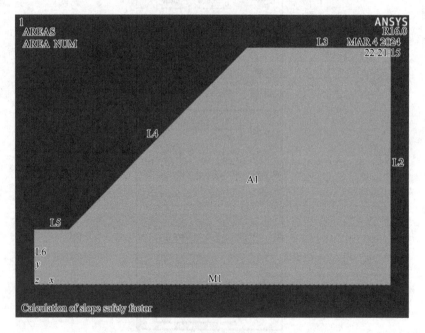

图6.27 底边划分结果

话框,在"Material number"一栏选取"1",如图6.30所示,单击"OK"按钮,为边坡模型赋予材料1的物理力学参数。

(3)划分网格。依次选取"Preprocessor→Meshing→Mesh Tool",单击"Mesh",选取边坡面,单击"OK"按钮,完成网格划分,如图6.31所示。

6.2 ANSYS 操作详解

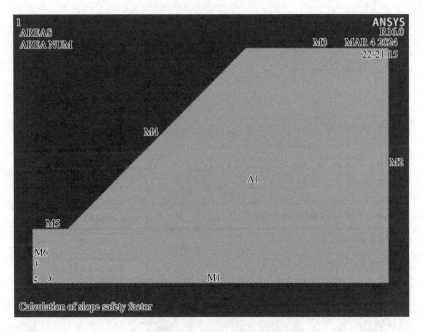

图 6.28 最终划分结果

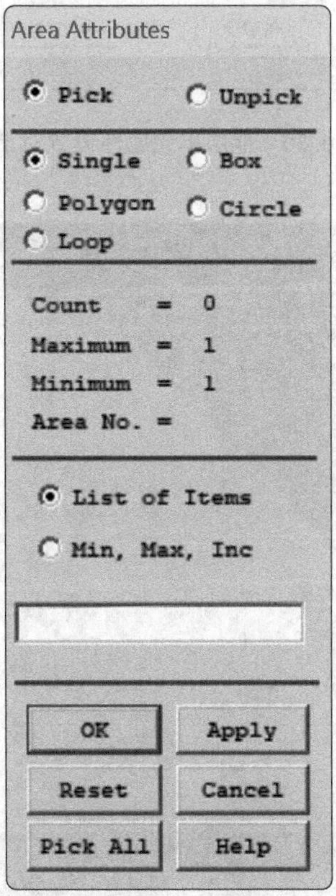

图 6.29 "Area Attributes" 对话框

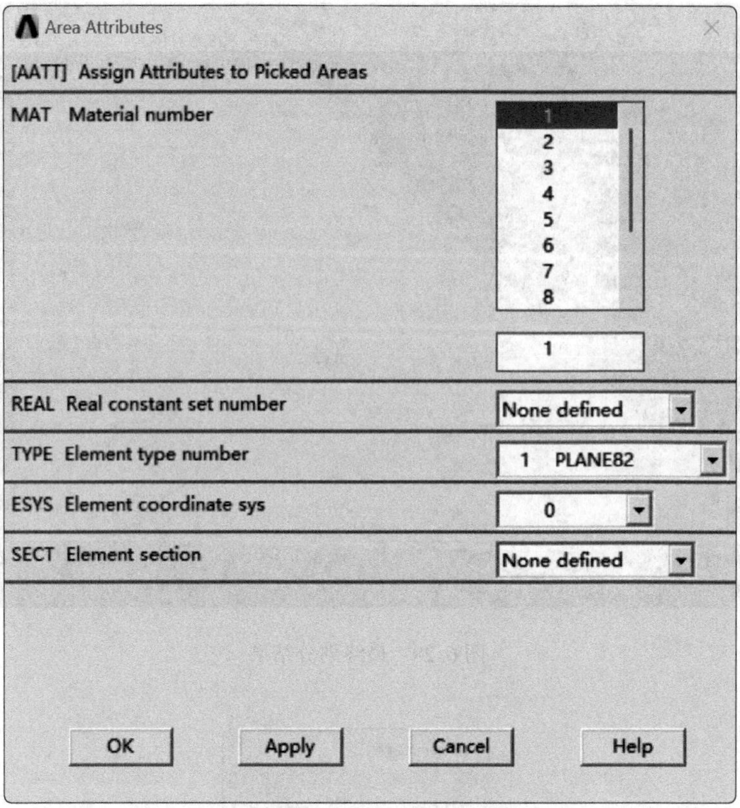

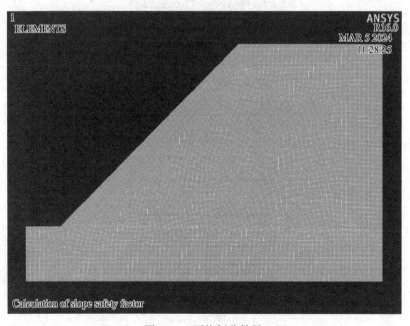

图 6.30　地层单元属性设置对话框

图 6.31　网格划分结果

6.2.4 定义约束与接触

(1) 施加水平约束边界条件。在"Main Menu"菜单中依次选取"Solution →Define Loads →Apply →Structural →Displacement →On Nodes",弹出位移约束选取对话框,如图 6.32 所示。选中位移约束选取对话框中"Box",框选边坡模型右侧及坡脚左侧点,如图 6.33 所示。单击"OK"按钮,弹出位移约束设置对话框,在"DOFs to be constrained"栏中选中"UX",在"Apply as"栏中选中"Constant value",在"Displacement value"中输入"0",如图 6.34 所示。单击"OK"按钮,实现对边坡右侧及坡脚左侧设置水平约束边界条件。

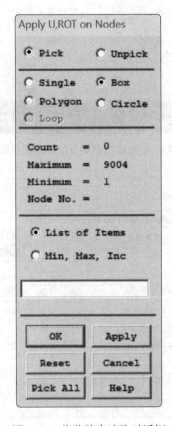

图 6.32 位移约束选取对话框

(2) 施加固定边界条件。依次选取"Solution →Define Loads →Apply →Structural →Displacement →On Nodes",弹出位移约束选取对话框,选中位移约束选取对话框中"Box",框选边坡模型底部点,如图 6.35 所示。单击"OK"按钮,弹出位移约束设置对话框,在"DOFs to be constrained"栏中选中"UX""UY",在"Apply as"栏中选中"Constant value",在"Displacement value"中输入"0",如图 6.36 所示。单击"OK"按钮,实现对边坡底部设置全部固定边界条件,边坡模型位移约束设置结果如图 6.37 所示。

(3) 施加重力载荷。依次选取"Solution →Define Loads →Apply →Structural →Inertia →Gravity →Global",弹出重力设置对话框,如图 6.38 所示。在"Global Cartesian Y-comp"

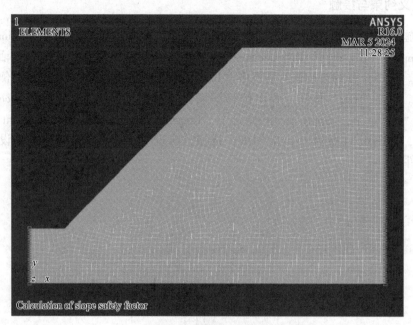

图 6.33　框选模型右侧及坡脚左侧位移约束

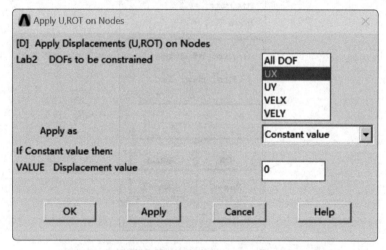

图 6.34　对模型右侧及坡脚左侧位移约束设置对话框

右侧框中输入"9.8",单击"OK"按钮,将重力加速度设置为 9.8 m/s²。

6.2.5　设置分析类型

（1）设置静力学求解。在"Main Menu"菜单中依次选取"Solution→Analysis Type→New Analysis",弹出求解类型选取对话框,如图 6.39 所示。选中"Static",单击"OK"按钮,将分析类型设置为静力学求解。

（2）设置分析选项。依次选取"Solution→Analysis Type→Sol'n Controls",弹出求解

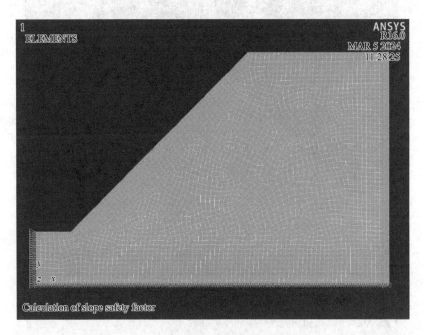

图 6.35　框选模型底部位移约束

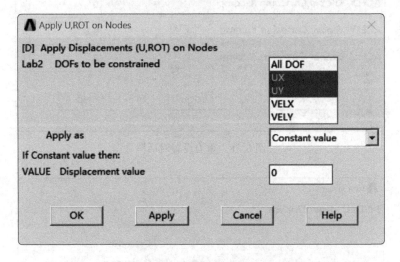

图 6.36　对模型底部位移约束设置对话框

参数设置对话框。在"Basic"菜单下,在"Analysis Options"下拉选项框中选中"Large Displacement Static",将"Number of substeps"设置为"5",将"Max no. of substeps"设置为"100",将"Min no. of substeps"设置为"1",完成对"大位移求解"与求解子步的设置,如图 6.40 所示。在"Nonlinear"菜单下,在"Line search"下拉选项框中选中"On",打开线性搜索,如图 6.41 所示。单击"OK"按钮,完成设置。

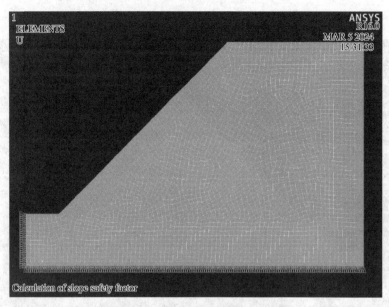

图 6.37　边坡模型位移约束设置结果

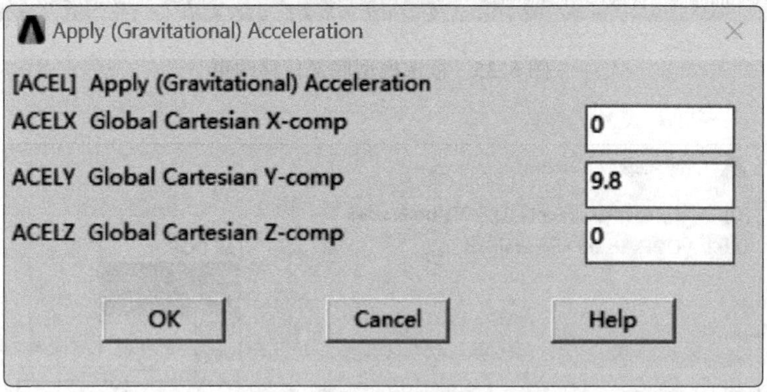

图 6.38　重力设置对话框

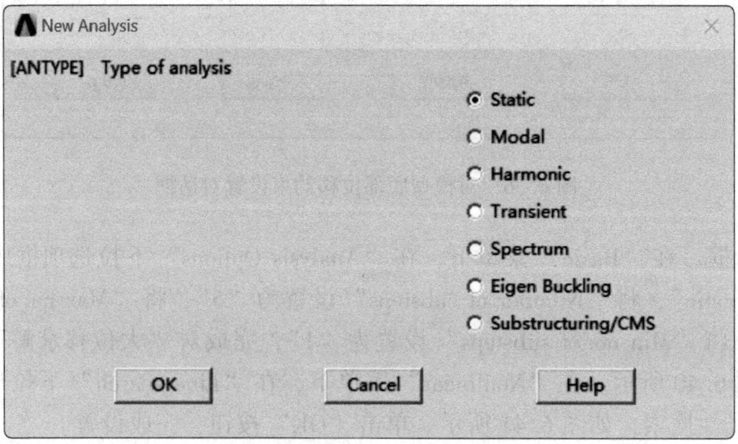

图 6.39　求解类型选取对话框

6.2 ANSYS 操作详解

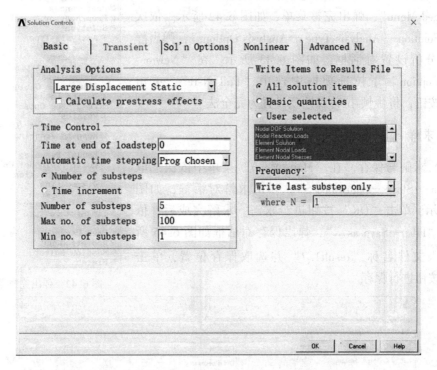

图 6.40　"大位移求解"与子步设置

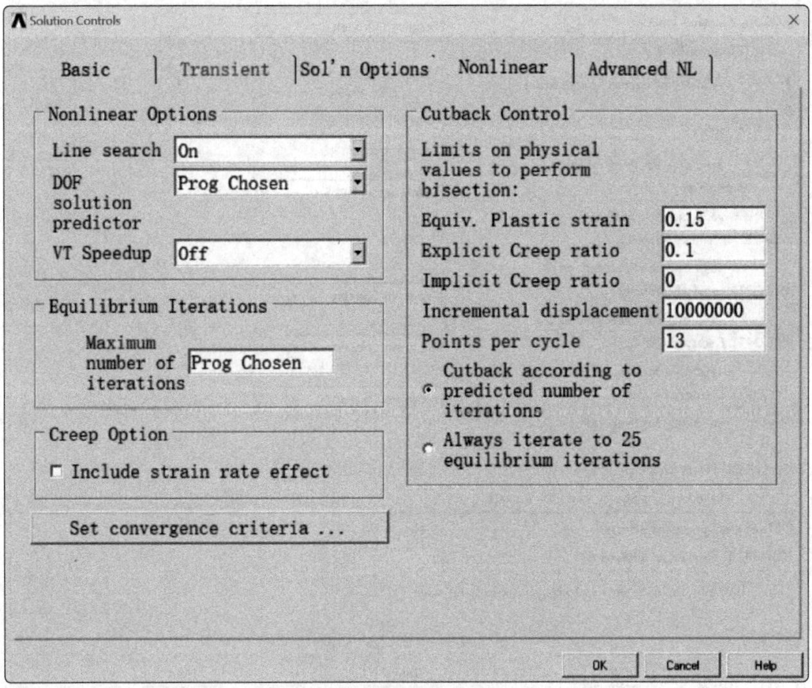

图 6.41　线性搜索设置

(3) 设置牛顿-拉普森选项。依次选取 "Solution → Unabridged Menu", 弹出完整菜单, 如图 6.42 所示。依次选取 "Solution → Analysis Type → Analysis Options", 弹出静力稳态分析设置对话框, 如图 6.43 所示。在 "Newton-Raphson option" 下拉选项框中选中 "Full N-R", 单击 "OK" 按钮, 将牛顿-拉普森选项设置为完全法。

6.2.6 求解

(1) 求解与保存。在 "Main Menu" 菜单中依次选取 "Solution → Slove → Current LS", 弹出求解对话框, 如图 6.44 所示, 单击 "OK" 按钮进行求解。求解完成后, 依次选取 "File → Save as…", 弹出保存对话框如图 6.45 所示。输入文件名称 "result1.7" 并选取保存位置, 单击 "OK" 按钮进行保存。

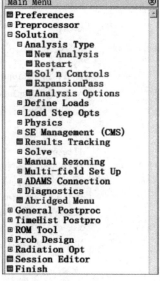

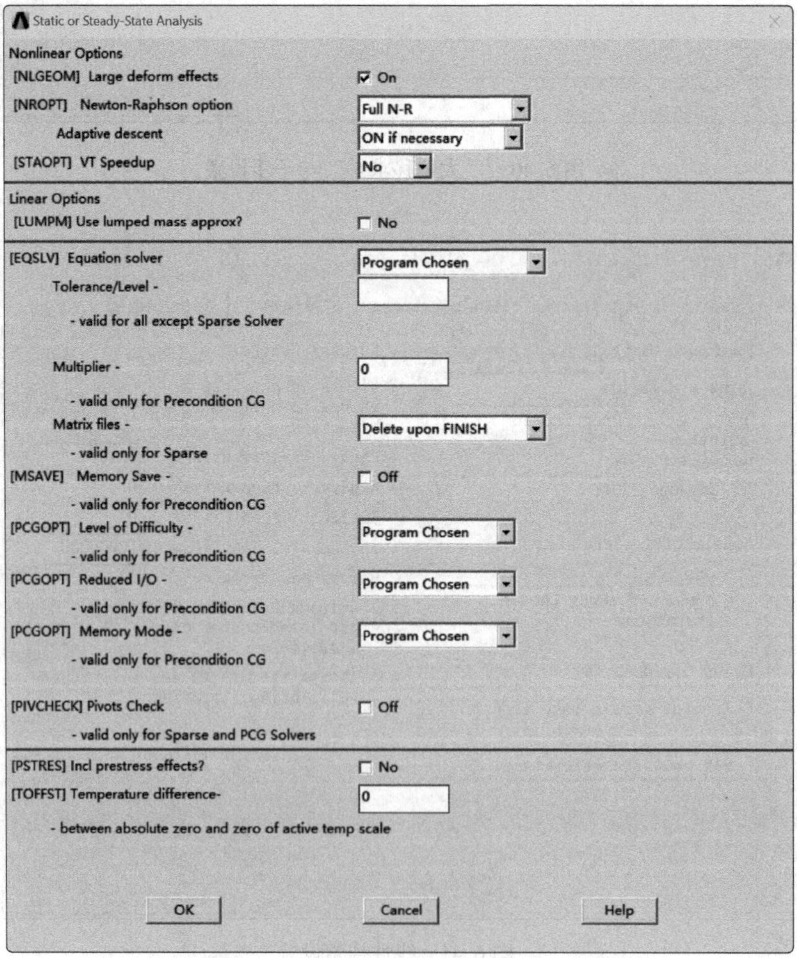

图 6.42 弹出完整菜单

图 6.43 静力稳态分析设置对话框

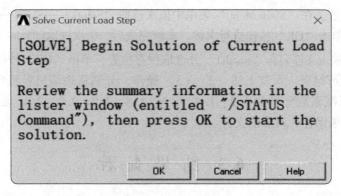

图 6.44 求解对话框

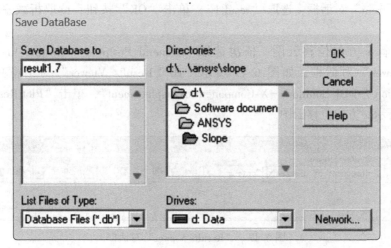

图 6.45 保存对话框

(2) 更改材料特性。依次选择 "Solution→Load Step Opts→Other→Change Mat Props→Change Mat Num",弹出 "Change Material Number" 对话框,如图 6.46 所示,在 "New material number" 后输入 "2",在 "Element no. to be modified" 后输入 "all",单击 "OK" 按钮,将边坡材料特性替换为材料 2(对应折减系数为 1)。

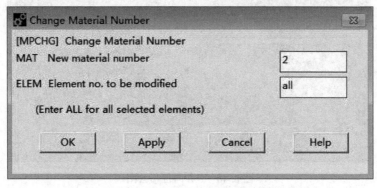

图 6.46 更改材料特性对话框

(3) 继续求解。在"Main Menu"菜单中依次选取"Solution→Slove→Current LS",弹出求解对话框,单击"OK"按钮进行求解。求解完成后,依次选取"File→Save as…",弹出保存对话框。输入文件名称"result1"并选取保存位置,单击"OK"按钮进行保存。

(4) 求解全部结果。重复上述(2)(3)操作,分别将边坡材料特性替换为材料3~材料12(对应折减系数分别为1.2、1.4、1.6、1.8、2.0、2.2、2.4、2.6、2.8、3.0),并分别将模拟结果保存为对应的文件。

6.3 结 果 查 看

(1) 读取数据。全部求解完成并保存结果后,依次选取"File→Resume from…",弹出"Resume from"对话框,选取"result1",单击"OK"按钮,读取折减系数为1时的模拟结果。

(2) 查看 x 方向位移云图。依次选取"General Postproc→Results Viewer",弹出"Results Viewer"对话框,如图6.47所示。在"Results Viewer"对话框中依次选取"Nodal Solution→DOF Solution→X-Component of displacement",单击"Plot Results",得到如图6.48所示 x 方向位移云图。

图 6.47 "Results Viewer"对话框

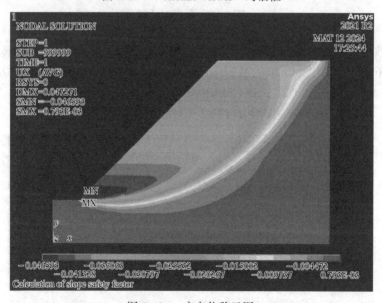

图 6.48 x 方向位移云图

(3) 查看 y 方向位移云图与等效塑性应变云图。在"Results Viewer"对话框中依次选取"Nodal Solution→DOF Solution→Y-Component of displacement",单击"Plot Results",得到如图 6.49 所示 y 方向位移云图。在"Results Viewer"对话框中依次选取"Nodal Solution→Plastic Strain→von Mises plastic strain",单击"Plot Results",得到如图 6.50 所示边坡等效塑性应变云图。

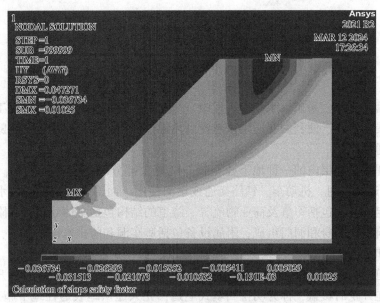

图 6.49　y 方向位移云图

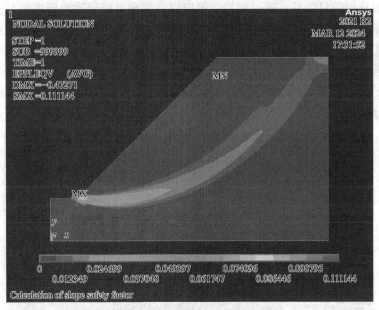

图 6.50　边坡等效塑性应变云图

(4) 查看其他结果。单击"Results Viewer"对话框右上角"关闭"按钮,选取"File→Resume from…",弹出"Resume from"对话框,选取其他各组,单击"OK"按钮,读取各组模拟结果。重复上述 (2)(3) 中操作,得到相应结果。

7 隧道工程实例

7.1 问题描述

隧道工程是土木、采矿、水利等工程中,与交通直接相关的另一种重要工程形式。随着经济的发展,快捷、便利的交通越来越受到重视,而山岭隧道、地下铁路隧道等,真正将阻碍变为通途。

隧道是埋置于地层内的一种地下建筑物。隧道大部分的功能是供行人、脚踏车(自行车)、一般道路交通、机动车、铁路交通或运河使用,而部分隧道只运送水、石油,或用于其他特定服务,包括军事及商业物流等。隧道的结构包括主体建筑物和附属设备两部分。主体建筑物由洞身和洞门组成;附属设备包括避车洞和防排水设施,长、大隧道还有专门的通风和照明设备。

建造隧道的方法多种多样。按开挖断面形式不同,分为全断面法和分部开挖法。深度浅的隧道可先开挖后覆盖,称为明挖回填式隧道;先兴建从地表通往地下施工区的竖井,再直接从地下持续开挖的称为钻挖式隧道;建造海底隧道可用沉管式隧道。

进行模拟分析的目的是:通过模拟,可以提前发现可能导致地层塌陷、支护结构破坏或者地表沉降等问题,并采取相应的预防和控制措施,确保施工过程的安全;可以预测施工过程中可能遇到的问题,及时调整方案,避免因施工中出现问题导致的延误和额外成本等。

如图 7.1 所示为某山岭公路隧道,使用 ANSYS 对其开挖过程进行模拟及各进度时刻的受力状态分析。

图 7.1 某山岭公路隧道

（1）几何尺寸。洞高 6.7 m、最大宽度 3.11 m，整个模型是宽 54.9 m、高 48.15 m、深 50 m 的隧道及周围岩土。

（2）单元及材料属性。本实例拟采用由面拉伸成体的建模方式，因此在建立面模型时使用 MESH200 单元。隧道壁采用 SHELL181 单元，弹性模量为 30 GPa，泊松比为 0.2，材料密度为 2500 kg/m^3；岩石采用 SOLID185 单元，弹性模量为 0.45 GPa，泊松比为 0.32，密度为 2700 kg/m^3。

7.2 ANSYS 操作详解

7.2.1 创建物理环境

7.2.1.1 启动 ANSYS 程序

（1）启动 ANSYS，弹出 ANSYS19.0 Launcher 窗口。

（2）在弹出的"19.0：ANSYS Mechanical APDL Product Launcher"窗口中分别设置 Simulation Environment、Lisence、Working Directoy，在 Job Name（项目名称）框中输入"Tunnel Excavation"。

（3）单击"Run"按钮，进入 GUI 界面，在 CUI 界面中选择"Main Menu→Preferences"命令，在弹出的对话框中选中"Sructural"，如图 7.2 所示。

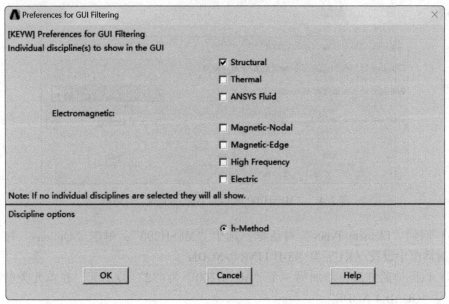

图 7.2 "Preferences"命令对话框

7.2.1.2 选择单元类型

（1）在 GUI 界面中选择"Main Menu→Preprocessor→Element Type→Add/EdivDelete"命令，在弹出的"Element Types"对话框中单击"Add..."按钮，弹出的"Element Types"对话框，如图 7.3 所示。

图 7.3 "Element Types" 对话框

（2）回到"Element Types"对话框，选中"MESH200"，单击"Options"按钮，在弹出的对话框中设置加非求解单元"not solved→mesh facet 200"为"1"号单元，如图 7.4 所示。

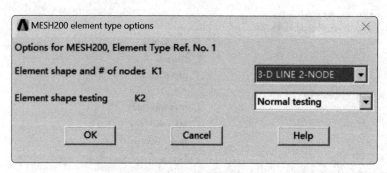

图 7.4 "MESH200 element type options" 对话框

（3）回到"Element Types"对话框，选中"MESH200"，单击"Options"按钮，在弹出的对话框中设置"K1"为"3-D LINE 2-NODE"。

（4）以同样的方法再添加另一个"MESH200"为"2"号单元，在单元类型选项对话框中为"QUAD 4 NODE"。

（5）添加单元 SHELLI81 为 3 号单元，添加 SOLID185 为 4 号单元，最后单击"OK"按钮退出，如图 7.5 所示。

7.2.1.3 定义材料属性

本实例需要定义 3 种材料：隧道壁为混凝土材料、周边岩体材料，以及隧道内挖去的岩石材料。

（1）设定混凝土弹性参数。在 GUI 界面中选择"Main Menu→Preprocessor→Material

7.2 ANSYS 操作详解

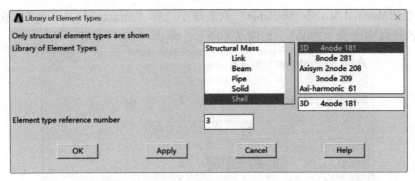

图 7.5 "Library of Element Types" 对话框

Props→Material Models"命令,弹出"Define Material Model Behavior"对话框,如图 7.6 所示。

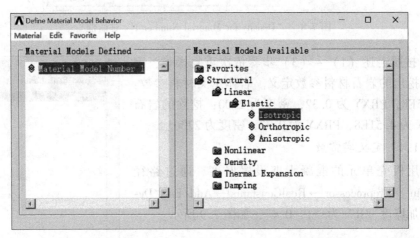

图 7.6 "Define Material Model Behavior" 对话框

(2) 在"Material Models Available"列表框中选择"Structural→Linear→Elastic→Isotropic",在弹出的对话框中设置"EX"为"3E10","PRXY"为"0.2",单击"OK"按钮,如图 7.7 所示。

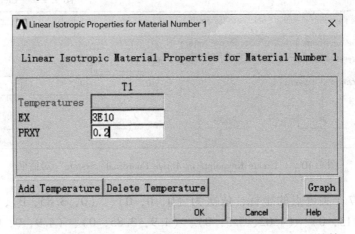

图 7.7 "Linear Isotropic Properties for Material Number 1" 对话框

（3）在"Material Models Available"列表框中选择"Structural>Density"，在弹出的对话框中设置材料密度为"2500"，如图7.8所示，单击"OK"按钮。

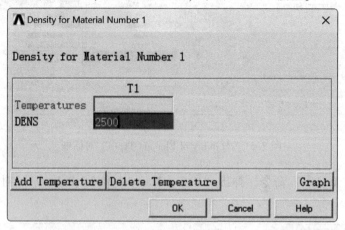

图 7.8 "Density for Material Number 1" 对话框

（4）按照上述（1）~（3）步骤依次重复操作，完成岩体和挖出的岩石材料参数定义。岩体定义材料参数：EX 为 4.5E8，PRXY 为 0.32，密度为 2700；挖除的岩石材料：EX 为 4.51E8，PRXY 为 0.32，密度为 2700。

7.2.1.4 定义实常数

为应用板壳单元的混凝土壁设置厚度。通过路径"MainMenu→Preprocessor→RealConstants→Add/Edit/Delete"，添加厚度"R"为"1，0.4"，如图7.9所示。

7.2.2 建立模型

（1）采用由底向上建模方式。先生成关键点，路径为"MainMenu → Preprocessor → Modeling → Create → Keypoints→In Active CS"，如图7.10所示。

图 7.9 "Element Type for

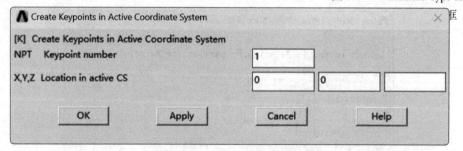

图 7.10 "Create Keypoints in Active Coordinate System" 对话框

（2）输入7个关键点的坐标，依次为（0，0，0）、（0，3.85，0）、（0.88，5.5，0）、（2.45，6.15，0）、（4.02，5.5，0）、（4.9，3.85，0）、（4.9，0，0），如图7.11

所示。

（3）经过点生成弧线，路径为"Main Menu→Preprocessor→Modeling→Create→Lines→Ares→Through3KPs"，如图 7.12 所示。

图 7.11 关键点示意图

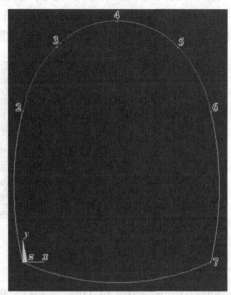

图 7.12 隧道弧面

（4）通过关键点生成面，路径为"Main Menu→Preproeessor→Modeling→Create→Areas→Arbitrary→Through KPs"。至此生成隧道部分的面，得到隧道几何模型如图 7.13 所示。

（5）通过路径"Main Menu→Preprocessor→Modeling→Create→Areas→Rectangle→By 2 Coners"，生成周边的岩体面模型，如图 7.14 所示。

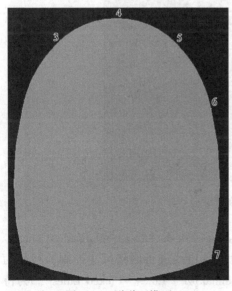

图 7.13 隧道面模型

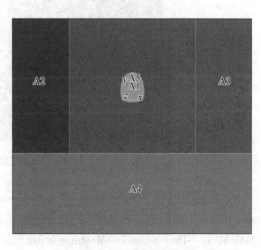

图 7.14 全部平面模型

7.2.3 划分网格

为现有的几何平面划分网格，并最终拉伸成体。

（1）隧道口周边岩体，该面 5 有洞口，不方便划分，因此需要进行面的分割。从洞口 4 个角点向 4 个方向分出 4 条直线，如图 7.15 所示。

图 7.15　辅助切割直线

（2）利用直线进行面的切割，路径为"Main Menu→Preprocessor→Modeling→Operate→Booleans→Divide→Area by Line"，切割后的面模型如图 7.16 所示。

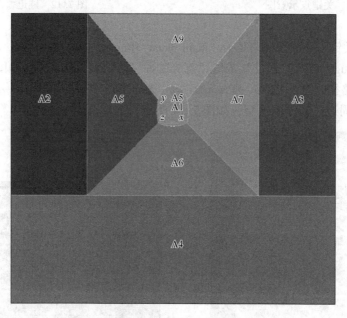

图 7.16　切割后的面模型

（3）通过路径"Main Menu→Preprocessor→Meshing→Mesh→Areas→Mapped→Concatenate→Lines"将洞顶 4 段弧线连接成一条弧线。通过各边线进行网格尺寸控制，路径为"MainMenu→Preprocessor→Meshing→Size Cntrls→ManualSize→Lines→Picked Lines"。为待划分的各面赋予相应的属性，路径为"Main Menu→Preprocessor→Meshing→Mesh Attributes→Picked Areas"，所得图形如图 7.17 所示。

图 7.17 划分网格

（4）将已划分好的平面模型拉伸为立体模型。通过路径"MainMenu→Preprocessor→Modeling→Operate→Extrude→Elem Ext Opts"，设置拉伸方向的网格数为 10，如图 7.18 所示。

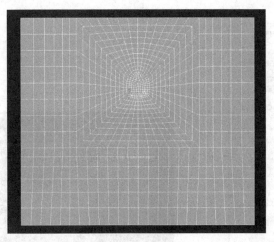

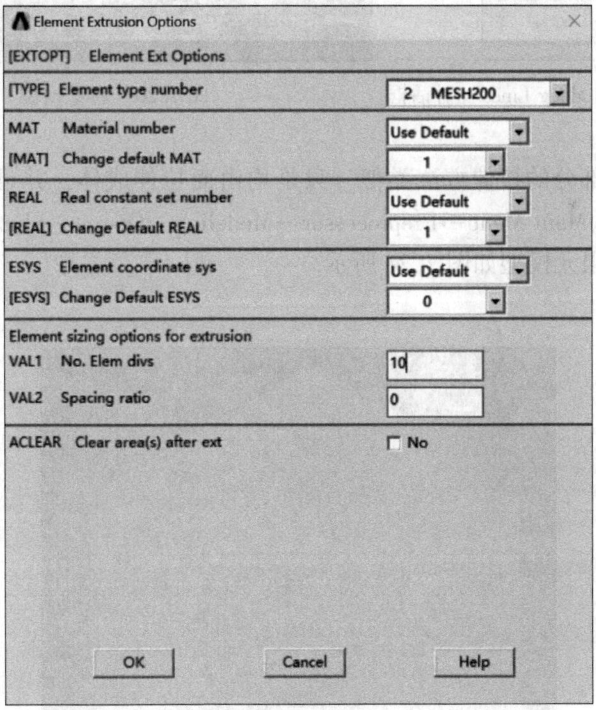

图 7.18 "Element Extrusion Options" 对话框

（5）通过路径"Main Menu→Preprocessor→Modeling→Operate→Extrude→Lines→Along Lines"选择隧道壁弧线，将其拉伸为沿洞深的隧道护壁面，如图 7.19 所示。再为其设定单元类型为 SHELL181，划分网格，得到模型如图 7.20 所示。

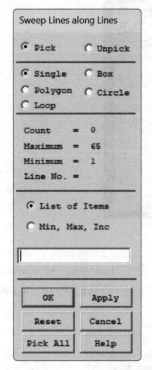 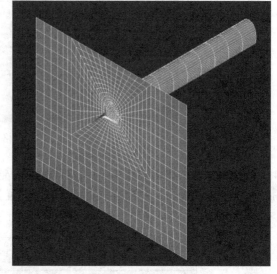

图 7.19 "Sweep Lines along Lines" 对话框　　　图 7.20 岩壁模型

(6) 其他岩体部分的拉伸方法类似，只是均由面拉伸成体，并且直接赋予单元类型及材料属性。路径：Main Menu→Preprocessor→Modeling→Operate→Extrude→Areas→Along Lines，拉伸后的有限元模型如图 7.21 所示。

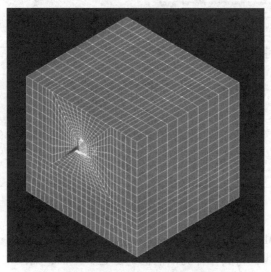

图 7.21 拉伸后的有限元模型

7.2.4 定义约束与接触

(1) 设置求解选项。通过路径 "Main Menu→Solution→Analysis Type→New Analysis" 设置分析类型为 "Static",如图 7.22 所示。

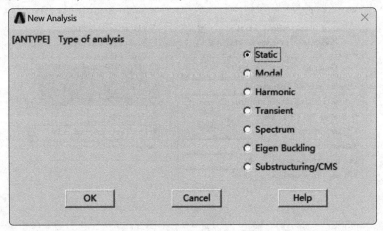

图 7.22 "New Analysis" 对话框

(2) 施加约束。通过路径 "Main Menu→Solution→Define Loads→Apply→Structural→Displacement→On Areas" 约束两侧面 x 方向的自由度,约束地面 y 方向的自由度,约束模型前后两面 z 方向的自由度,如图 7.23 所示。

(3) 施加重力。通过路径 "Main Menu→Solution→Define Loads→Apply→Structural→Inertia→Gravity→Global" 对模型施加重力,"ACELY" 中输入 "10"。

7.2.5 设置分析类型

(1) 在 GUI 界面中选择 "Main Menu→Solution→Analysis Type→Sol'n Controls→Basic",弹出 "Solution Controls" 对话框。在 "Basic" 选项卡中,从 "Analysis Options" 下拉列表框中选择 "Large Dis-placement Static" (大变形分析),在 "Automatic time stepping" 下拉列表框中选择 "Prog Chosen",设置时间增量为 "0.1",最大时间步长 "0.2",最小时间步长则为 "0.05",如图 7.24 所示。

(2) 通过路径 "Main Menu→Solution→Analysis Type→Sol'n Controls→Nonlinear",打开线性搜索与时间步长预测器。

(3) 通过路径 "Main Menu→Solution→Analysis Type→Analysis Options",设置 N-R 分析方法为 "FULL N-R"。

(4) 通过路径 "Main Menu→Solution→Load Step Opts→Nonlinear→Convergence Crit",设置收敛条件为 "F=0.02"。约束后的模型如图 7.25 所示。

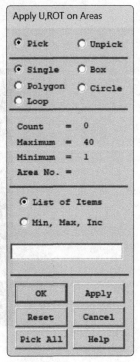

图 7.23 "Apply U, ROT on Areas" 对话框

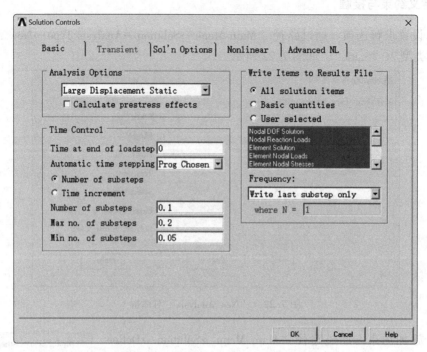

图 7.24 "Solution Controls"对话框

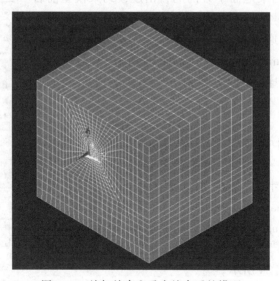

图 7.25 施加约束和重力约束后的模型

7.2.6 求解

(1) 要确定模型中各部分是否存在。在施工前,要明确所有的混凝土壁是不存在的,而所有的岩体都是存在的,所以要先"杀死"所有壳单元部分,并将死单元的节点全部约束。

（2）得到开挖前的初始状态。

选择单元：Utility Menu→Select→Entities。

单元生/死路径：Main Menu→Solution→Load Step Opts→Other→Birth & Death→Kill Element。

约束节点：Main Menu→Solution→Define Loads→Apply→Structural→Displacement→On Nodes。

求解：Main Menu→Solution→Solve→Current LS。

7.3 结果查看

（1）初步计算结果下的竖向位移云图如图 7.26 所示，竖向应力云图如图 7.27 所示。

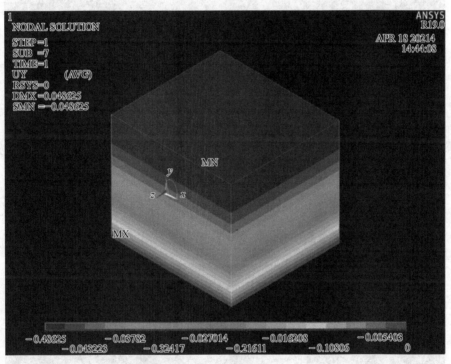

图 7.26 竖向位移云图

（2）进行正式的开挖过程。开挖过程的每一步，都要杀死一部分洞内岩石单元，路径：Main Menu→Solution→Load Step Oopts→other→Birth & Death→kill Elements。

（3）激活相应部分的壳单元，路径：Main Menu→Solution→fad Step opts→other→Birth& Death→Activate Elem。然后，通过"Utility Menu→Select→Entities"，选择当前活着的所有单元，反选得到杀死了的单元。这时，需要在求解前将死单元上的所有节点再次全部约束起来。

（4）开始求解。每一步开挖都遵循此过程，总共分 5 段开挖，每段挖 10 m。

得到第 1 段开挖的隧道计算结果，第 1 段开挖 UY 云图如图 7.28 所示，第 1 段开挖 SY 云图如图 7.29 所示。

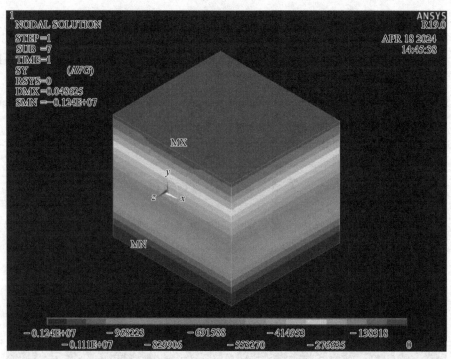

图 7.27　竖向应力云图

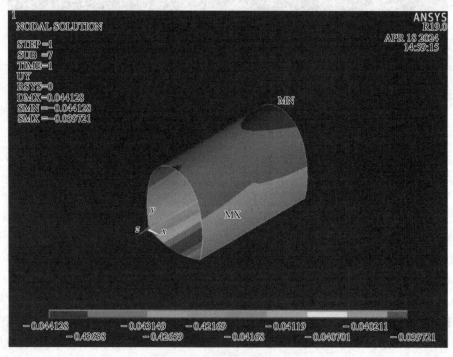

图 7.28　第 1 段开挖 UY 云图

(5) 同理，得到第 2 段开挖的隧道计算结果，第 2 段开挖 UY 云图如图 7.30 所示，第 2 段开挖 MISES 应力如图 7.31 所示。

7.3 结果查看

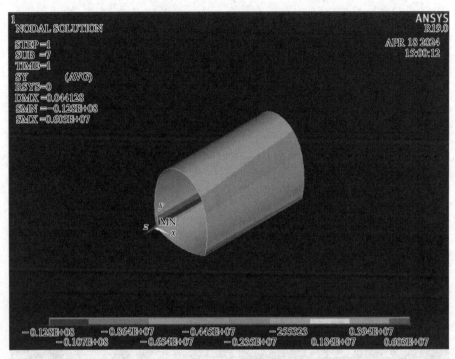

图 7.29 第 1 段开挖 SY 云图

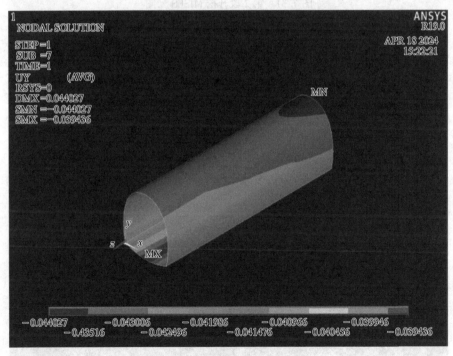

图 7.30 第 2 段开挖 UY 云图

(6) 第 3~5 段开挖过程相似。同理，得到第 5 段开挖的隧道计算结果，第 5 段开挖 UY 云图如图 7.32 所示，第 5 段开挖 MISES 应力如图 7.33 所示。

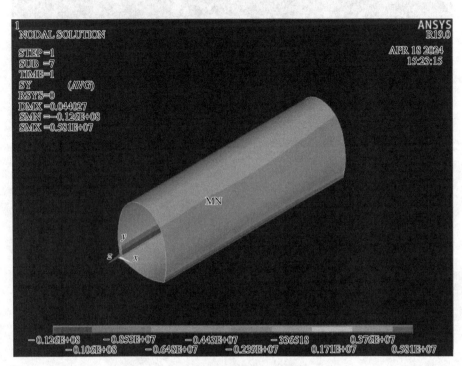

图 7.31　第 2 段开挖 MISES 云图

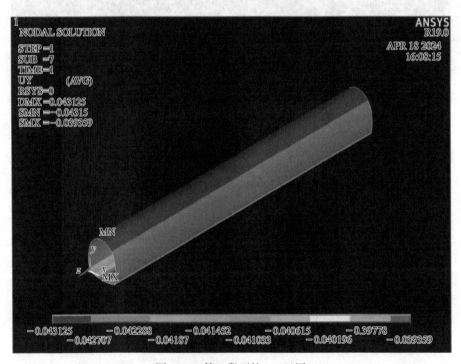

图 7.32　第 5 段开挖 UY 云图

7.3 结果查看

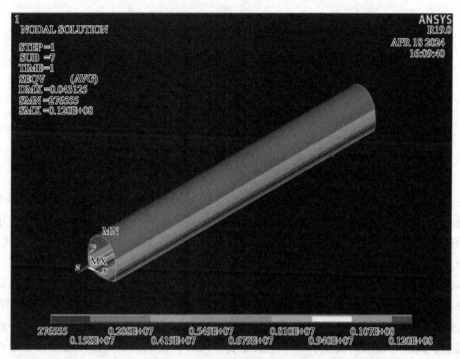

图 7.33 第 5 段开挖 MISES 云图

8 岩土体爆破实例

8.1 问题描述

在采矿工程、土木工程以及爆破领域，经常需要对在岩土体中埋设条形炸药并引爆的情况进行研究和模拟，这种情况可能在地下工程、采矿爆破、地质勘探或者军事应用中出现。通过对此类情况进行模拟分析，可以更好地理解爆炸对岩土体和混凝土结构的影响，从而指导工程实践中的安全设计和施工。

本范例模拟基于 ANSYS19.0 软件开展，ANSYS 作为强大的数值模拟软件，拥有较为高效便捷的建模和网格划分手段。模拟分析的目的之一是探究爆炸引发的冲击波在岩土体中的传播和反射，评估岩土体的变形情况、应力分布以及可能的破坏程度，这对于地下工程或者采矿爆破等领域的安全和效率至关重要。同时，我们也将关注混凝土板在爆炸冲击下的响应，分析其承受的载荷、变形以及可能的破坏模式，以指导混凝土结构的设计和改进。

如图 8.1 所示，在混凝土板下方一定距离的岩土体介质中安置了一根条形炸药，并对其进行了引爆，下面将对爆炸发生后岩土体的膨胀运动以及混凝土板的移动过程进行分析。

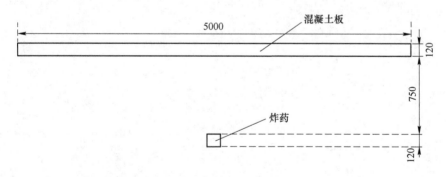

图 8.1 炸药与混凝土板的位置示意图（单位：mm）

8.2 ANSYS 操作详解

8.2.1 创建物理环境

数值模型包括炸药、岩土体、空气和混凝土板四个部分。炸药、岩土体和空气采用欧拉网格建模，使用多物质 ALE 算法；混凝土板采用拉格朗日网格建模，与空气和岩土体采用耦合算法。考虑到是条形炸药，且在中心线起爆条件下不考虑端部效应，模型可以简化为平面对称问题。为了方便建模，采用单层实体网格建模。数值模型采用 cm-g-us 单位制，具体模型尺寸如图 8.2 所示。

8.2.1.1 启动 ANSYS 程序

（1）启动 ANSYS，弹出"ANSYS19.0 Launcher"窗口。

（2）在"Launcher"对话框的"Simulation Environment"下拉列表框中选择"ANSYS"，在"License"下拉列表框中选择"ANSYS/LS-DYNA"。

（3）在"File Management"对话框的"Working Directory"文本框中输入"E：\ explosion_undergro_und"作为工作目录（假设工作目录为"D 盘"），在"JobName"文本框中输入"explosion_underground"作为工作文件名，其他选项用默认值。单击"Run"按钮，运行 ANSYS 程序，进入 ANSYS 的操作界面。

8.2.1.2 选择单元类型

（1）选择菜单"Main Menu：Preprocessor→Element Type→Add/Edit/Delete"命令，弹出"Element Types"对话框，如图 8.3 所示。

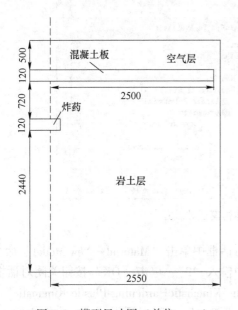

图 8.2 模型尺寸图（单位：mm）

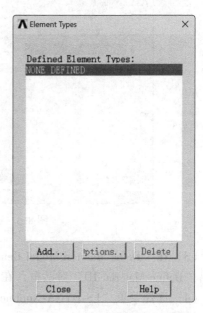

图 8.3 "Element Types"对话框

（2）单击"Add..."按钮，出现"Library of Element Types"对话框，在"Library of Element Types"下拉列表中选择"LS-DYNA Explicit"和"3D SOLID164"，单击"OK"按钮关闭对话框。单元类型库对话框如图 8.4 所示。

（3）单击"Element Types"对话框上的"Close"按钮，关闭对话框。

8.2.1.3 定义材料性能参数

（1）选择菜单"Main Menu：Preprocessor→Material Props→Material Models"命令，弹出"Define Material Model Behavior"对话框。

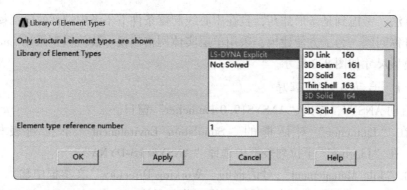

图 8.4　单元类型库对话框

（2）选择菜单"LS-DYNA→Equation of State→Gruneisen→Null"命令，弹出"Null Properties for Material Number 1"对话框，如图 8.5 所示。在文本框中，输入以下数据：DENS=0.99821；C=1.647；S1=1.921；S2=-0.096；GAMAO=0.35。其余选项采用默认值，如图 8.6 所示。输入完成后单击"OK"按钮关闭对话框。

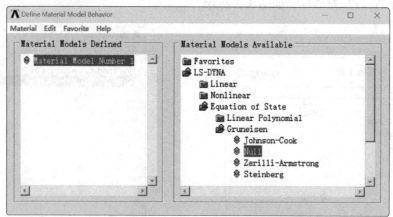

图 8.5　定义材料本构模型对话框

（3）在"Defne Material Model Behavior"对话框中单击"Material→New Model"命令，弹出"Define Material ID"对话框，在文本框中输入"2"，单击"OK"按钮关闭对话框。

（4）选择菜单"LS-DYNA-Nonlinear-Inelastic-KinematicHardening-Plastic Kinematic"命令，弹出"Plastic Kinematic Properties for Material Number 2"对话框，在文本框中输入材料本构参数（由于 ANSYS 前处理器中缺乏我们所需的岩土体模型选项，将使用随动硬化塑性材料模型进行代用。随后，将在 k 文件中进行材料模型参数的修改），单击"OK"按钮关闭对话框。

（5）在"Define Material Model Behavior"对话框中单击"Material-New Model"命令，弹出"Define Material ID"对话框，在文本框中输入"3"，单击"OK"按钮关闭对话框。

（6）选择菜单"LS-DYNA→Equation of Static-Gruneisen-Null"命令，弹出"Null Propertiesfor Material Number 3"对话框。在文本框中，输入以下数据：DENS-0.001252；C=0.03437；GAMAO=1.4。其余选项采用默认值，输入完成后单击"OK"按钮关闭对话框，如图 8.7 所示。

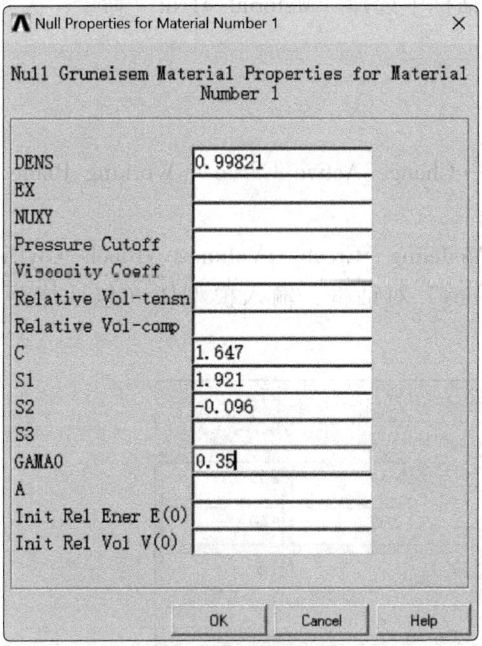

8.2 ANSYS 操作详解

图 8.6　材料 1 参数设置对话框 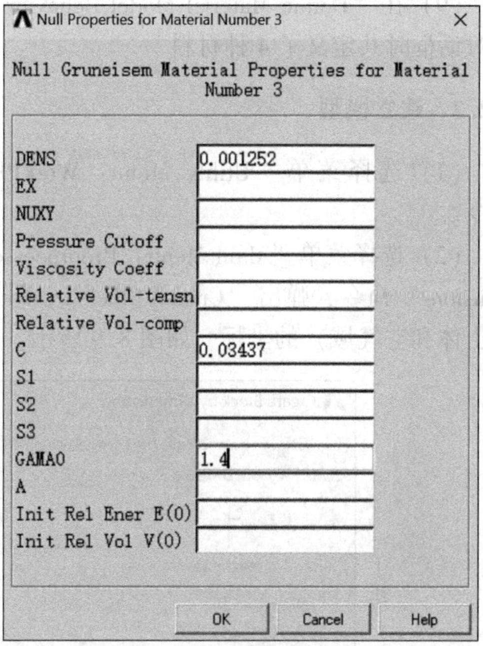　　图 8.7　"Null Propertiesfor Material Number 3" 对话框

（7）在"Define Material Model Behavior"对话框中单击"Material→New Model"命令，出现"Define Material ID"对话框；在文本框中输入"4"，单击"OK"按钮关闭对话框。

（8）选择菜单"LS-DYNA-Nonlinear-Inelastic-Kinematic Hardening→Plastic Kinematic"命令，弹出"Plastic Kinematic Properties for Material Number 4"对话框，在文本框中输入以下数据：DENS=2.65；EX=40；NUXY=0.3；Yield Stress=1.0E-03；Tangent Modulus-4.0E-02；Hardening Parm=0.5；Failure Strain=0.8，其余选项采用默认值，如图 8.8 所示，输入完成后单击"OK"按钮关闭对话框。

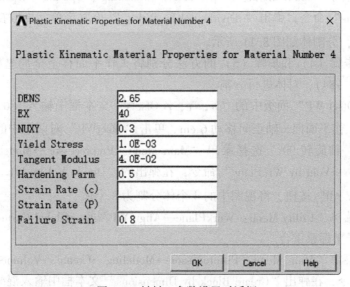

图 8.8　材料 4 参数设置对话框

（9）在"Define Material Model Behavior"对话框中选择"Material→Exit"命令，关闭此对话框时共定义了4种材料。

8.2.2 建立模型

（1）选择菜单"Utility Menu：WorkPlane→Change Active CS to→Working Plane"命令。

（2）选择菜单"Main Menu：Preprocessor→Modeling→Create→Volumes→Block→ByDimensions"命令，弹出"Create Block by Dimensions"对话框，输入模型体（包括炸药、岩土体和空气域）的坐标，如图8.9所示。

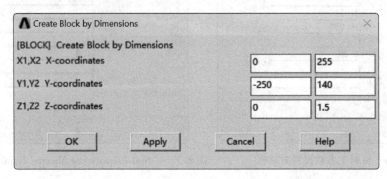

图8.9 "Create Block by Dimensions"对话框

（3）选择菜单"Utility Menu：WorkPlane→Offset Wp by Increments"命令，弹出"Offset Wp"面板，将按钮区" Z-⊙ "下方的角度设置滑动条移到最右，滑动条上方的数值变为90；单击按钮" ⊙+X "，将视窗中的工作平面坐标绕x轴旋转90°。

（4）在"Ofset WP"面板中的"X，Y，Z Ofsets"文本框中输入（0，6，0），单击"Apply"按钮工作平面向z轴负向移动6 cm，如图8.10所示。

（5）选择菜单"Main Menu：Preprocessor→Modeling→Operate→Booleans→Divide→Volu by WrkPlane"命令，弹出"Divide Vol by Wrk…"拾取菜单，拾取视图中的体，单击"OK"按钮，分割体如图8.11所示。

（6）按照步骤（4）和步骤（5）的方法分别将工作平面移至全局坐标点的（0，0，12）和（0，0，-84），对体进行分割。

（7）在"Ofset WP"面板中的"X，Y，Z Ofsets"文本框中输入（6，0，0），单击"Apply"按钮工作平面向x轴正向移动6 cm。单击"OfsetWP"对话框中的" ⊙+Y "，工作平面绕WY轴旋转90°，选择菜单"Main Menu：Preprocessor→Modeling→Operate→Booleans→Divide→Volu by WrkPlane"命令，在弹出的"Divide Vol by Wr…"拾取菜单面板中单击"Pick All"按钮，将视图中的4个体分割为8个体。

（8）选择菜单"Utility Menu：WorkPlane→Align WP with→Global Cartesian"命令，使工作平面与全局坐标系重合。

（9）选择菜单"Main Menu：Preprocessor→Modeling→Create→Volumes→Block→ByDimensions"命令，在弹出"Create Block by Dimensions"文本框中输入混凝土板模型体的

8.2 ANSYS 操作详解

坐标，如图 8.12 所示。

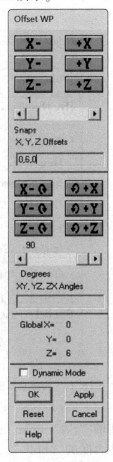 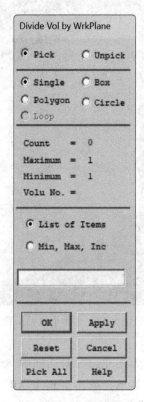

图 8.10 "Ofset WP" 面板对话框　　图 8.11 "Divide Vol by WrkPlane" 对话框

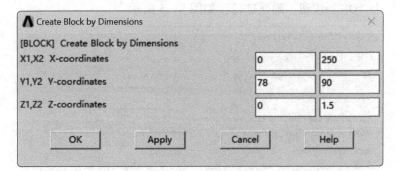

图 8.12 混凝土板的模型尺寸

（10）创建完成后的实体全模型如图 8.13 所示。

8.2.3 划分网格

8.2.3.1 划分网格

（1）选择菜单 "Utility Menu：Select→Entities…" 命令，弹出 "Select Entities" 对话

框，将选项依次设置为 Volumes、By Num/Pick、From Full，单击"Apply"按钮，拾取炸药、岩土体和空气域的体，如图 8.14 所示。

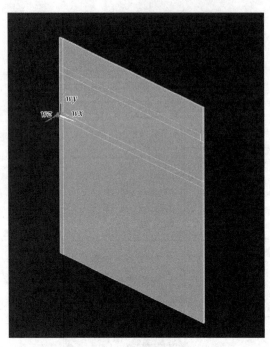

图 8.13 实体全模型示意图

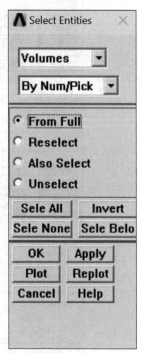

图 8.14 实体全模型设置示意图

（2）在"Mesh Tool"对话框中，单击"Lines"右侧的"Set"按钮，弹出"Blement Size on"拾取菜单，单击"Pick All"按钮，在弹出对话框的"SIZE"文本框中输入"1.5"（即指定单元长度为 1.5 cm）；将"KYNDIV SIZE, NDIV can be changed"对应的箭头取消，单击"OK"按钮，确认选择，如图 8.15 所示。

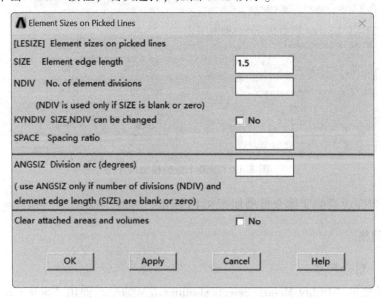

图 8.15 "Element Sizes on Picked Lines"对话框

(3)选择菜单"Main Menu：Preprocessor→Meshing→MeshTool"命令，弹出"Mesh-Tool"对话框，单击"Elements Attributes"选择栏下侧的"Set"按钮，弹出"Meshing Attributes"对话框，在"[TYPE] Elewent type number"下拉列表框中选择"1 SOLID164"，在"[MAT] Materia number"下拉列表框中选择"1"，其他栏用默认值，单击"OK"按钮，确认选择，关闭对话框，如图8.16所示。

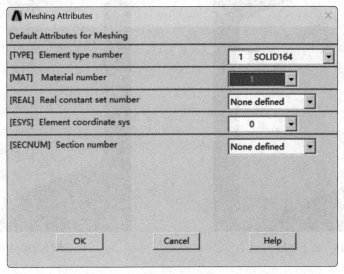

图8.16 "Meshing Attributes"对话框

(4)在"MeshTool"对话框"Mesh"右侧的下拉列表框中选定"Volumes"，并选取"Shape"选项的"Hex"和"Mapped"两个按钮。单击"Mesh"按钮，弹出"Mesh Volumes"拾取菜单，拾取视图中的炸药体，如图8.17所示，单击"OK"按钮，对炸药体进行映射网格划分。选择菜单"Utility Menu：Plot"命令，再单击"Volumes"按钮。

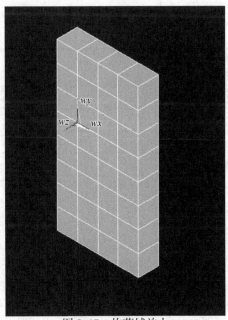

图8.17 炸药域放大

(5）用上述同样方法改变"［MAT］Material number"号分别对图 8.18 和图 8.19 中的体进行映射网格划分。

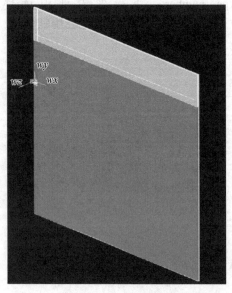

图 8.18 岩土层域

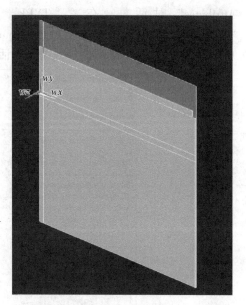

图 8.19 空气域

(6）依次单击"Select Entities"对话框中的"Invert""Plot"按钮，视图中显示出混凝土板的轮廓线图。

(7）在"Mesh Toll"对话框中，单击"Lines"右侧的"Set"按钮，弹出"Element Size on…"拾取菜单，单击"PickAll"按钮，在弹出对话框的"SIZE"文本框中输入"2"（即指定单元长度为2）单击"OK"按钮，确认选择，关闭对话框。

(8）设置"［MAT］Material number"为"4"，对混凝土板进行映射网格划分，如图 8.20 所示。

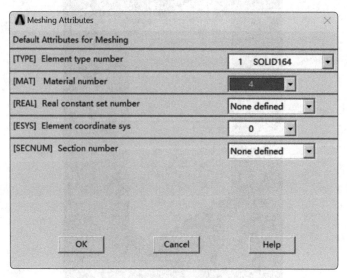

图 8.20 "Meshing Attributes"对话框

(9) 选择菜单"Utility Menu：Select→Everything"命令，然后选择"Utility Menu：Plot→Elements"命令，视图中显示所有材料模型的有限元网格（由于混凝土板的网格与空气网格叠加在一起，看上去好像只有一种颜色），如图 8.21 所示。

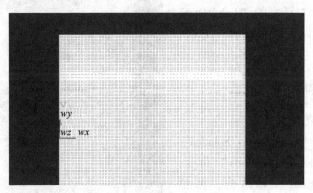

图 8.21 局部的模型网格

8.2.3.2 创建 PART

选择菜单"Main Menu：Preprocessor→LS-DYNA Options→Parts Options"命令，弹出"Parts Data Writen for LS-DYNA"对话框。在"Options"选项组中激活"Create all parts"单选按钮，弹出图 8.22 所示的"EDPART Command"对话框。检查对话框中所有的 PART 定义是否正确，如有定义错误，需要重新划分网格，并用"Updata parts"选项更新 PART 定义，直至 PART 定义正确为止。

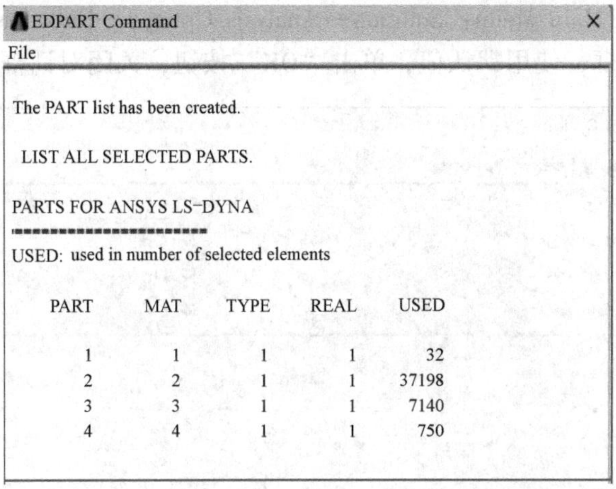

```
EDPART Command                    ×
File

The PART list has been created.

    LIST ALL SELECTED PARTS.

PARTS FOR ANSYS LS-DYNA
========================
USED: used in number of selected elements

    PART    MAT    TYPE    REAL    USED

     1      1       1       1        32
     2      2       1       1     37198
     3      3       1       1      7140
     4      4       1       1       750
```

图 8.22 "EDPART Command"对话框

8.2.4 定义接触与约束

(1) 选择菜单"Main Menu：Preprocessor→LS-DYNA Options→Constraints→Apply→On Areas"命令，弹出"Apply U, ROT on…"拾取菜单。拾取如图 8.23 中所有法线方向与 z 轴方向相一致的 18 个面，单击"OK"按钮，弹出"Apply U, ROT on Areas"对话框。在"Lab2 DOFs to be constrained"列表框中选择"UZ"，单击"OK"按钮，关闭对话框。

（2）拾取如图 8.23 中所示法线方向与 x 轴方向相重合的 5 个面（靠近炸药模型一侧），单击"OK"按钮，在"Apply U，ROT on Areas"对话框的"Lab2 DOFs to be constrained"列表框中选择"UX"，单击"OK"按钮，关闭对话框。

8.2.5 设置分析类型

8.2.5.1 分析类型

（1）选择菜单"Main Menu：Solution→Analysis Options→Energy Options"命令，弹出"Energy Options"对话框，激活"Hourglas Energy""Sliding Interface"和"Rayliegh Energy"3 个单选钮，取消"Stonewall Energy"单选钮，单击"OK"按钮，关闭对话框，如图 8.24 所示。

（2）选择菜单"Main Menu：Solution→Analysis Options→CPU Limit"命令，弹出"CPU Limit"对话框，使用默认值，单击"OK"按钮，关闭对话框。

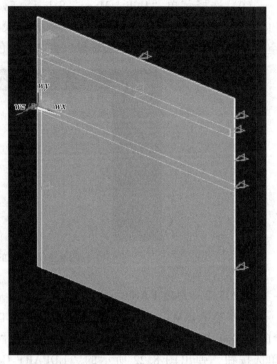

图 8.23 用于约束 z 轴方向位移的 18 个面

（3）选择菜单"Main Menu：Solution→Analysis Options→Bulk Viscosity"命令，弹出"BukViscosity"对话框，使用默认值，单击"OK"按钮，关闭对话框，如图 8.25 所示。

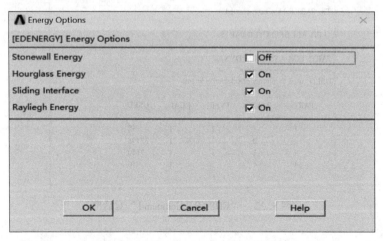

图 8.24 "Energy Options"对话框

8.2.5.2 设置求解时间和时间步控制

（1）选择菜单"Main Menu：Solution→Time Controls→Solution Time"命令，弹出"Solution Time for LS-DYNA Explicit"对话框，在"Terminate at Time"文本框中输入

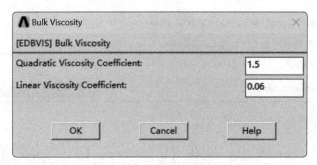

图 8.25 "Bulk Viscosity" 对话框

"100",单击"OK"按钮确认输入,如图 8.26 所示。

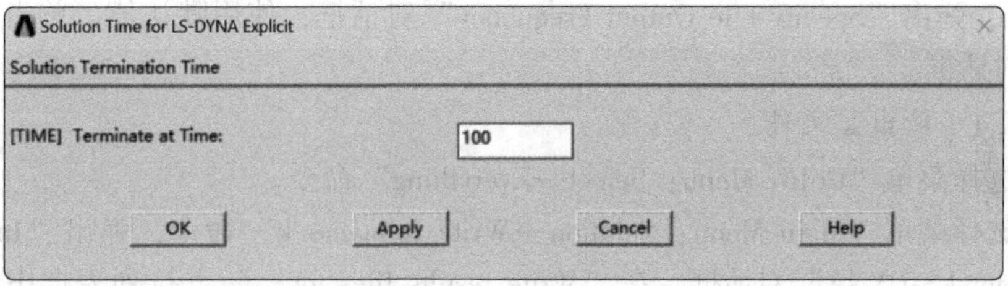

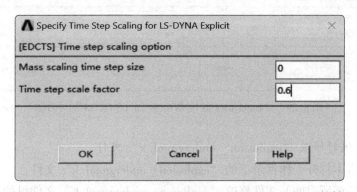

图 8.26 "Solution Time for LS-DYNA Explicit" 对话框

(2) 选择菜单"Main Menu:Solution→Time Controls→Time Step Ctrls"命令,弹出"Spectify Time Step Scaling for LS-DYNA Explicit"对话框,在"Time step scale factor"文本框中输入"0.6"。单击"OK"按钮,关闭对话框,如图 8.27 所示。

图 8.27 "Spectify Time Step Scaling for LS-DYNA Explicit" 对话框

8.2.5.3 设置输出类型和时间间隔

(1) 选择菜单"Main Menu:Solution→Output Controls→Output File Types"命令,弹出"Specify Output File Types for LS-DYNA Solver"对话框,在"File Options"下拉列表框中选择"Add",在"Produce output for…"下拉列表框中选择"LS-DYNA",单击"OK"按钮,关闭对话框,如图 8.28 所示。

(2) 选择菜单"Main Menu:Solution→Output Controls-File Output Freq→Time Step

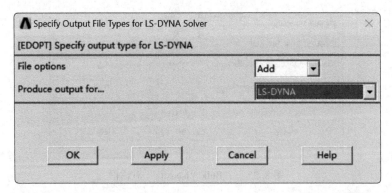

图 8.28 "Specify Output File Types for LS-DYNA Solver"对话框

Size"命令,弹出"Specify File Output Frequency"对话框,使用默认值,单击"OK"按钮,关闭对话框。

8.2.5.4 输出 k 文件

(1) 选择菜单"Utility Menu：Select→Everything"命令。

(2) 选择菜单"Main Menu：Solution→Write Jobname.k"命令,弹出"Input files to be Written for LS-DYNA"对话框,在"Write results files for…"下拉列表框中选择"LS-DYNA",并且在"Write input files to…"文本框中输入"explosion_undergroud.k",单击"OK"按钮,程序将在工作目录下生成"explosion_undergroud.k"文件,如图 8.29 所示。

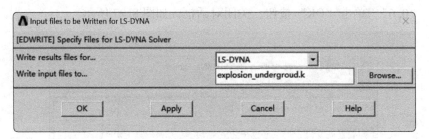

图 8.29 "Input files to be Written for LS-DYNA"对话框

8.2.5.5 编辑修改"explosion_undergroud.k"文件

(1) 用记事本打开工作目录下的"explosion_undergroud.k"文件。

(2) 对照后面所附的 k 文件修改"explosion_undergroud.k"文件里的关键字和参数,内容包括：

1) 将用于控制单元算法的"*SECTION_SOLID"关键字修改为"*SECTION_SOLID_ALE",用于材料 1、材料 2 和材料 3 的单元算法定义,材料 4 的单元算法仍采用"*SECTION_SOLID 定义";

2) 添加用于控制 ALE 算法的"*CONTROL_ALE"关键字；

3) 添加关键字"*CONSTRAINED_LAGRANGE_IN_SOLID"和"*SET_PART_LIST";

4)添加关键字"*ALE_MUTI-MATERIAL_GROUP";

5)添加用于起爆点设置的"*INITIAL_DETONATION"关键字;

6)用岩土层泡沫材料模型"*MAT_SOIL_AND_FOAM"关键字替代假定的岩土层材料型"*MAT_PLASTIC_KINEMATIC";

7)用炸药材料模型"*MAT_HIGH_EXPLOSIVE_BURN"关键字和状态方程"*EOS_JWL"关键字代替假定的炸药材料模型和状态方程,修改后的材料模型关键字和状态方程关键分别为:炸药—*MAT_HIGH_EXPLOSINE_BURN 和*EOS_JWL,添加本构模型中的个别参数。

8.2.6 求解

(1)在"Launcher"对话框的"Simulation Environment"下拉列表框中选择"LS-DYNA Solver",并在"Analysis Type"下面的单选框中选择"TypicalLS-DYNAAnalysis"。

(2)在"File Management"对话框的"Working Directory"中选择 LS-DYNA 的输入文件存放的路径,并在"Keyword Input File"栏中选定"explosion_undergroud.k"。

(3)单击"Run"按钮,程序将调用 LS-DYNA971 求解器开始求解,如图 8.30 所示。

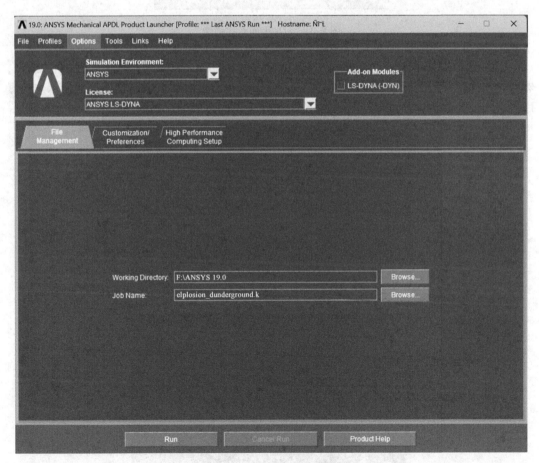

图 8.30 "Launcher"对话框

8.3 结果查看

（1）运行 LS-PREPOST 程序，选择菜单"File：Open→Binary Plot"命令，打开工作目录下的"d3plot"文件，程序将读入结果文件。

（2）选择菜单"Misc.→Reflect→Reflect about YZ plane"命令，将模型做 yOz 平面对称镜像，如图 8.31 所示。

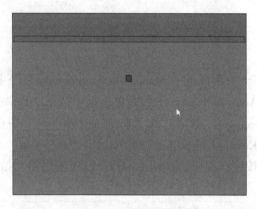

图 8.31 yOz 平面对称镜像

（3）选择主菜单区域"Fcomp→Misc→Vlume fraction mat#2"，单击"Apply"按钮，然后单击动画控制区域中的动画播放按钮，程序将在图形对话框中连续动态地显示炸药爆炸后岩土层的鼓包运动过程，图 8.32 给出了几个不同时刻爆炸场的形态。

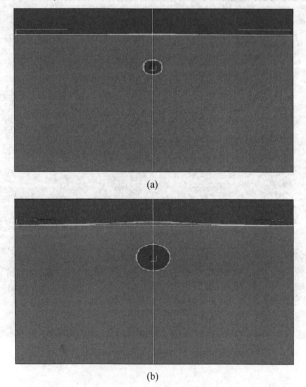

(a)

(b)

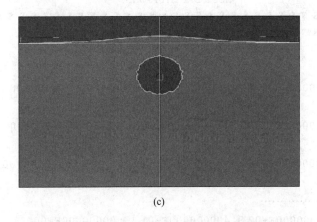

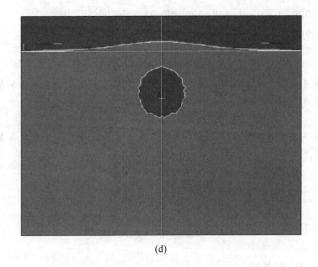

图 8.32 爆炸后岩土层的鼓包及混凝土板运动过程

(a) 状态 1 爆炸场形态；(b) 状态 2 爆炸场形态；(c) 状态 3 爆炸场形态；(d) 状态 4 爆炸场形态

8.4　k 文件

```
*KEYWORD
*TITLE
EXPLOSION_UNDERGOUND.K
$
*DATABASE_FORMAT
       0
$
$
$$$$$$$$$$$$$$$$$$$$$$$$$$$$$$$$$$$$$$$$$$$$$$$
$$$$$$$$$$$
```

```
$                    NODE DEFINITIONS                           $
$ $ $ $ $ $ $ $ $ $ $ $ $ $ $ $ $ $ $ $ $ $ $ $ $ $ $ $ $ $ $ $ $ $ $ $ $ $ $ $ $ $ $ $ $ $ $ $
$ $ $ $ $ $ $ $ $ $
$
*NODE
      1  6.000000000E+00  6.000000000E+00  0.000000000E+00           0
0
      2  6.000000000E+00  6.000000000E+00  1.500000000E+00           0
0
      3  6.000000000E+00 -6.000000000E+00  1.500000000E+00           0
0
..................................
  91366 2.480000000E+02 8.400000000E+01 1.500000000E+00         0         0
  91367 2.480000000E+02 8.600000000E+01 1.500000000E+00         0         0
  91368 2.480000000E+02 8.800000000E+01 1.500000000E+00         0         0
$
$
$ $ $ $ $ $ $ $ $ $ $ $ $ $ $ $ $ $ $ $ $ $ $ $ $ $ $ $ $ $ $ $ $ $ $ $ $ $ $ $ $ $ $ $ $ $ $ $
$ $ $ $ $ $ $ $ $ $
$                    SECTION DEFINITIONS                        $
$ $ $ $ $ $ $ $ $ $ $ $ $ $ $ $ $ $ $ $ $ $ $ $ $ $ $ $ $ $ $ $ $ $ $ $ $ $ $ $ $ $ $ $ $ $ $ $
$ $ $ $ $ $ $ $ $ $
$
*SECTION_SOLID_ALE
1, 11
*SECTION_SOLID_ALE
2, 11
*SECTION_SOLID_ALE
3, 11
*SECTION_SOLID
4, 0
$
$
$ $ $ $ $ $ $ $ $ $ $ $ $ $ $ $ $ $ $ $ $ $ $ $ $ $ $ $ $ $ $ $ $ $ $ $ $ $ $ $ $ $ $ $ $ $ $ $
$ $ $ $ $ $ $ $ $ $
$ ALE DEFINIYIONS                        $
$ $ $ $ $ $ $ $ $ $ $ $ $ $ $ $ $ $ $ $ $ $ $ $ $ $ $ $ $ $ $ $ $ $ $ $ $ $ $ $ $ $ $ $ $ $ $ $
$ $ $ $ $ $ $ $ $ $
$
*ALE_MULTI-MATERIAL_GROUP
1, 1
2, 1
3, 1
$
*CONSTRAINED_LAGRANGE_IN_SOLID
```

8.4 k文件

```
1, 2, 0, 0, 0, 5, 3, 0
0, 0, 0.15
*SET_PART_LIST
                1
                4
*SET_PART_LIST
                2
                2           3
$
*CONTROL_ALE
2, 1, 2, -1.0000000, 0.0000000, 0.0000000, 0.0000000
0.0000000, 0.0000000, 0.0000000
$
$$$$$$$$$$$$$$$$$$$$$$$$$$$$$$$$$$$$$$$$$$$$$$$$
$$$$$$$$$$
$ MATERIAL DEFINITIONS              $
$$$$$$$$$$$$$$$$$$$$$$$$$$$$$$$$$$$$$$$$$$$$$$$$
$$$$$$$$$$
$
*MAT_NULL
1, 1.93, 0.993, 0.370, 0.00, 0.00, 0.00, 0.00
*EOS_GRUNEISEN
1, 3.71, 7.430E-02, 4.15, 0.950, 0.300, 7.000E-02, 1.00
$
*INITIAL_DETONATION
1, 0.00, 0.00, 0.00, 0.00
*INITIAL_DETONATION
1, 0.00, 0.00, 2.0, 0.00
$
*MAT_SOIL_AND_FROM
2.1.80, 1.601E-04, 1.328E+02, 3.300E-03, 1.310E-07, 0.1232, 0.0
0.0.0.0
0.0, 0.050, 0.090, 0.11.0.15, 0.19, 0.21, 0.22
0.25.0.30
0.0, 3.420E-02, 4.530E-02, 6.760E-02, 1.270E-01, 2.080E-01, 2.710E-01,
3.920E-01
5.660E-01.1.230E+00
$
*MAT_NULL
3, 0.125E-02, 0.00, 0.00, 0.00, 0.00, 0.00, 0.00
*EOS_GRUNEISEN
3, 0.344.0.00.0.00.0.00.1.40.0.00, 0.00
0.00
$
```

```
*MAT_PLASTIC_KINEMATIC
4.2.6500000.4.000E-01.0.3000000, 1.000E-03, 4.000E-02.0.5000000
0.00, 0.00, 0.800
$
$ $ $ $ $ $ $ $ $ $ $ $ $ $ $ $ $ $ $ $ $ $ $ $ $ $ $ $ $ $ $ $ $ $ $ $ $ $ $ $ $ $ $ $ $
$ $ $ $ $ $ $ $ $ $
$ PARTS DEFINITIONS                       $
$ $ $ $ $ $ $ $ $ $ $ $ $ $ $ $ $ $ $ $ $ $ $ $ $ $ $ $ $ $ $ $ $ $ $ $ $ $ $ $ $ $ $ $ $
$ $ $ $ $ $ $ $ $ $
$
$
*PART
Part          1 for Mat         1 and Elem Type         1
       1            1            1            1            0            0
0
$
*PART
Part          2 for Mat         2 and Elem Type         1
       2            1            2            0            0            0
0
$
*PART
Part          3 for Mat         3 and Elem Type         1
       3            1            3            3            0            0
0
$
*PART
Part          4 for Mat         4 and Elem Type         1
       4            1            4            0            0            0
0
$
$
$ $ $ $ $ $ $ $ $ $ $ $ $ $ $ $ $ $ $ $ $ $ $ $ $ $ $ $ $ $ $ $ $ $ $ $ $ $ $ $ $ $ $ $ $
$ $ $ $ $ $ $ $ $ $
$ ELEMENT DEFINITIONS                     $
$ $ $ $ $ $ $ $ $ $ $ $ $ $ $ $ $ $ $ $ $ $ $ $ $ $ $ $ $ $ $ $ $ $ $ $ $ $ $ $ $ $ $ $ $
$ $ $ $ $ $ $ $ $ $
$
*ELEMENT_SOLID
       1       1       2       1      10      18    22697634
       2       1      18      10       9            1734767535
       3       1     179       8            1635757436
..........................
   45118       4   90484   90485   89614   89615   91358   91363   90621   90622
   45119       4   90485   90486   89613   89614   91363   91368   90620   90621
```

```
            45120         4     90486     89742     89612     89613     91368     90618     90613     90620
$
$
$$$$$$$$$$$$$$$$$$$$$$$$$$$$$$$$$$$$$$$$$$$$$$$$$$$$$$$$$$$$$$$$$$$$
$$$$$$$$$$$$
$                       COORDINATE SYSTEMS                                           $
$$$$$$$$$$$$$$$$$$$$$$$$$$$$$$$$$$$$$$$$$$$$$$$$$$$$$$$$$$$$$$$$$$$$
$$$$$$$$$$
$
$
$
$$$$$$$$$$$$$$$$$$$$$$$$$$$$$$$$$$$$$$$$$$$$$$$$$$$$$$$$$$$$$$$$$$$$
$$$$$$$$$$
$                       LOAD DEFINITIONS                                             $
$$$$$$$$$$$$$$$$$$$$$$$$$$$$$$$$$$$$$$$$$$$$$$$$$$$$$$$$$$$$$$$$$$$$
$$$$$$$$$$
$
$
$
$$$$$$$$$$$$$$$$$$$$$$$$$$$$$$$$$$$$$$$$$$$$$$$$$$$$$$$$$$$$$$$$$$$$
$$$$$$$$$$
$                       RIGID BOUNDRIES                                              $
$$$$$$$$$$$$$$$$$$$$$$$$$$$$$$$$$$$$$$$$$$$$$$$$$$$$$$$$$$$$$$$$$$$$
$$$$$$$$$$
$
$
$
$$$$$$$$$$$$$$$$$$$$$$$$$$$$$$$$$$$$$$$$$$$$$$$$$$$$$$$$$$$$$$$$$$$$
$$$$$$$$$$
$                       BOUNDARY DEFINITIONS                                         $
$$$$$$$$$$$$$$$$$$$$$$$$$$$$$$$$$$$$$$$$$$$$$$$$$$$$$$$$$$$$$$$$$$$$
$$$$$$$$$$
$
*SET_NODE_LIST
1       0.000     0.000     0.000     0.000
            1         2         3         4         5         6         7         8
            9        10        11        12        13        14        15        16
           17        18        19        20        21        22        23        24
..................
        90726     90727     90728     90729     90730     90731     90732     90733
        90734     90735     90736     90737     90738     90739     90740     90741
        90742     90743     90744     90745     90746     90747     90748
*BOUNDARY_SPC_SET
2         0         1         0         1         0         0         0
$
```

```
$
$ $ $ $ $ $ $ $ $ $ $ $ $ $ $ $ $ $ $ $ $ $ $ $ $ $ $ $ $ $ $ $ $ $ $ $ $ $ $ $ $ $ $ $
$ $ $ $ $ $ $ $ $ $ $
$                         CONTACT DEFINITIONS                                    $
$ $ $ $ $ $ $ $ $ $ $ $ $ $ $ $ $ $ $ $ $ $ $ $ $ $ $ $ $ $ $ $ $ $ $ $ $ $ $ $ $ $ $ $
$ $ $ $ $ $ $ $ $ $ $
$
$
$ $ $ $ $ $ $ $ $ $ $ $ $ $ $ $ $ $ $ $ $ $ $ $ $ $ $ $ $ $ $ $ $ $ $ $ $ $ $ $ $ $ $ $
$ $ $ $ $ $ $ $ $ $ $
$                           CONTROL OPTIONS                                      $
$ $ $ $ $ $ $ $ $ $ $ $ $ $ $ $ $ $ $ $ $ $ $ $ $ $ $ $ $ $ $ $ $ $ $ $ $ $ $ $ $ $ $ $
$ $ $ $ $ $ $ $ $ $ $
$
*CONTROL_CPU
0.00
*CONTROL_ENERGY
         2         2         2         2
*CONTROL_SHELL
    20.0         1        -1         1         2         2         1
*CONTROL_TIMESTEP
    0.0000    0.60000    0.00       0.00
*CONTROL_TERMINATION
0.300E+04          0   0.00000   0.00000   0.00000
$
$ $ $ $ $ $ $ $ $ $ $ $ $ $ $ $ $ $ $ $ $ $ $ $ $ $ $ $ $ $ $ $ $ $ $ $ $ $ $ $ $ $ $ $
$ $ $ $ $ $ $ $ $ $ $
$                            TIME HISTORY                                        $
$ $ $ $ $ $ $ $ $ $ $ $ $ $ $ $ $ $ $ $ $ $ $ $ $ $ $ $ $ $ $ $ $ $ $ $ $ $ $ $ $ $ $ $
$ $ $ $ $ $ $ $ $ $ $
$
*DATABASE_BINARY_D3PLOT
20.000
*DATABASE_BINARY_D3THDT
40.000
$
$ $ $ $ $ $ $ $ $ $ $ $ $ $ $ $ $ $ $ $ $ $ $ $ $ $ $ $ $ $ $ $ $ $ $ $ $ $ $ $ $ $ $ $
$ $ $ $ $ $ $ $ $ $ $
$                          DATABASE OPTIONS                                      $
$ $ $ $ $ $ $ $ $ $ $ $ $ $ $ $ $ $ $ $ $ $ $ $ $ $ $ $ $ $ $ $ $ $ $ $ $ $ $ $ $ $ $ $
$ $ $ $ $ $ $ $ $ $ $
$
*DATABASE_EXTENT_BINARY
         0         0         3         1         0         0         0         0
         0         0         4         0         0         0
*END
```

参 考 文 献

[1] 王婷婷，卢永昌，彭志豪. 港珠澳大桥东西人工岛深埋式大圆筒岛壁结构稳定与变位模拟［J］. 水科学进展，2019，30（6）：834-844.

[2] 陈明和，谢兰生，冯瑞，等. 中机身蒙皮骨架变曲率截面桁条滚弯精确成形工艺研究［J］. 航空制造技术，2022，65（21）：135-142.

[3] 石伟. 有限元分析基础与应用教程［M］. 北京：机械工业出版社，2010.

[4] 丁科，殷水平. 有限元单元法［M］. 2版. 北京：北京大学出版社，2012.

[5] 张昭，蔡志勤. 有限元方法与应用［M］. 大连：大连理工大学出版社，2011.

[6] 石晶，黄安录. 有限元法基本原理及其应用［M］. 北京：人民交通出版社，2022.

[7] 刘超，刘晓娟. 有限元分析与ANSYS实践教程［M］. 北京：机械工业出版社，2016.

[8] 严波. 有限单元法基础［M］. 北京：高等教育出版社，2022.

[9] 王新荣，初旭宏，李珊，等. ANSYS有限元基础教程［M］. 3版. 北京：电子工业出版社，2019.

[10] 王家林，张俊波. 有限元方法——基础理论［M］. 北京：人民交通出版社，2019.

[11] 王金龙，王清明，王伟章，等. ANSYS12.0有限元分析与范例解析［M］. 北京：机械工业出版社，2010.

[12] 李汉龙，隋英，韩婷，等 ANSYS有限元分析基础［M］. 北京：国防工业出版社，2017.